U0310179

西南烟区烟叶样品图鉴系列丛书

烟叶样品检测与评价技术

邱晔　刘鲁娟　李平　李艳艳◎著

中国质量标准出版传媒有限公司
中国标准出版社
北京

图书在版编目（CIP）数据

烟叶样品检测与评价技术 / 邱晔等著 . —北京：
中国质量标准出版传媒有限公司，2023.12
（西南烟区烟叶样品图鉴系列丛书）
ISBN 978-7-5026-5168-8

Ⅰ . ①烟⋯　Ⅱ . ①邱⋯　Ⅲ . ①烟叶—标准样品—检测
—西南地区　Ⅳ . ① S572

中国国家版本馆 CIP 数据核字（2023）第 088211 号

烟叶样品检测与评价技术

中国质量标准出版传媒有限公司
中 国 标 准 出 版 社　出版发行

北京市朝阳区和平里西街甲 2 号（100029）
北京市西城区三里河北街 16 号（100045）
网址：www.spc.net.cn
总编室：（010）68533533　发行中心：（010）51780238
读者服务部：（010）68523946
北京博海升彩色印刷有限公司印刷
各地新华书店经销
*
开本 880×1230 1/16　印张 12　字数 228 千字
2023 年 12 月第一版　2023 年 12 月第一次印刷
*
定价 86.00 元

随着烟草行业高质量发展和"原料保障上水平"战略任务的不断推进，烟叶样品的重要性更加彰显，为加强行业烟叶样品工作，充分发挥烟叶样品在烟叶收购、原料采购、交接验货、技能培训、职业鉴定、品质研究等方面的作用，规范行业烟叶样品的管理，国家烟草专卖局于 2015 年按照中国四大烟叶种植区域，分别在北京、郑州、长沙、昆明建设北方、黄淮、东南、西南四个行业烟叶样品中心。其中，中国烟草总公司西南烟叶样品中心（以下简称西南烟叶样品中心）于 2018 年 6 月建成并正式投入使用，主要负责云南、贵州、四川、重庆等产区的烟叶样品工作，承担西南烟区行业烟叶样品的征集与养护、烟叶基准与仿制样品审定、烟叶标准研究与标样研制、技能鉴定与实物样品题库制备、烟叶分级技能培训与考核、烟草原料分析与质量评价、烟叶样品数据库建设、数字烟叶样品研究等任务。

近年来，西南烟叶样品中心先行启动了中国西南烟区烟叶原料特性研究与数字化研发工作。但在进行烟草原料特性分析与质量评价研究过程中，发现烟叶样品的检测与质量评价目前并无系统、完整的检测标准和技术方法可以参考。例如，现有一些检测方法是由其他（如造纸、印刷等）行业方法引用而来，但未经过科学验证，且实践证明并不适用于烟草原料的检测与质量控制；还有部分检测方法，在烟草行业内各实验室之间具体采用的技术和方法并不统一，导致检测结果无法进行比对和应用；更有甚者，在表征烟叶原料等一些重要特性或特征指标方面，国内目前还缺乏相应的质量检测与评价方法。为此，西南烟叶样品中心集中相关技术力量，就上述一些问题进行了深入的研究与系统的技术开发工作。在全面梳理、厘清烟叶特性及主要特征指标并逐一探寻其对应的检测与评价方法的基础上，严格按照方法拟定、试验验证、方法修订、方法建立、样品检验的科学程序，对烟叶样品的检测和质量评价方法进行系统的二次开发，以求建立一套系统、完整且经过科学验证的烟叶原料物理特性检测与外观、内在品质评价技术标准。

本书是基于西南烟叶样品中心的上述研究成果著作而成，具体的检测与评价技术涉及烟叶样品较全面的外观质量、物理特性、化学成分和内在感官质量等的检测、分析及评价方法。广大原料检测与烟草原料从业人员通过对本书的参考、学习并进行技术实践，可以对烟叶样品进行全面的外观和内在质量检测，进而准确把握烟草原料的品质特性及其工业可用性，有效提升自身的工作技能，更好地满足烟草原料的生产、种植、收购、检验、鉴定、加工、应用等专业技术工作的需要。

本书由西南烟叶样品中心邱晔组织策划、技术指导并负责检测与评价方法修订、验证试验设计和审稿等工作；刘鲁娟同志主要负责检测与评价方法检索、拟定、试验报告撰写等工作；李平、李艳艳两位同志主要负责烟叶样品制备、相关检测方法验证及样品检测。本书在编著过程中还参阅了相关行业研究机构及有关专家学者的一些研究成果，也得到上级单位领导、行业专家的大力支持，还有其他工作人员，特别是李帆、王隆等实验技术人员的帮助，在此表示衷心感谢！

由于本书著者水平有限，难免有疏漏和不足之处，敬请同行批评指正。

邱晔

2023 年 1 月于昆明

目 录

第一章
调节和测试的大气环境

第一节　概述

在烟叶样品调节和测试的大气环境中，主要规定了两种大气环境（大气环境Ⅰ和大气环境Ⅱ），适用于烟叶样品外观质量评价、图像采集、理化指标检测、内在感官质量评价以及烟叶样品制备、审定等工作环境。

目前，在GB/T 16447—2004《烟草及烟草制品　调节和测试的大气环境》中只规定了调节[温度（22.0±1.0）℃，相对湿度（60±3）%]和测试[温度（22.0±2.0）℃，相对湿度（60±5）%]的大气环境，而对于烟叶样品的外观质量评价、烟叶评级、样品整理与审定等工作，需要参考YC/T 291—2009《烟叶分级实验室环境条件》中的温度、湿度条件（温度：20.0℃~24.0℃，相对湿度：65%~75%）。为使烟叶样品调节和测试的大气环境能涵盖样品研究工作的主要环节，保证烟叶样品达到调节要求，西南烟叶样品中心制定了Q/YNZY(YY).J07.002—2022《烟叶样品　调节和测试的大气环境》。因此，本章节主要参考Q/YNZY(YY).J07.002—2022，规定了能满足烟叶样品相关工作环境要求的调节和测试大气环境。

第二节　烟叶样品　调节和测试的大气环境

1　范围

本文件规定了调节和测试烟叶样品的大气环境。

本文件适用于烟叶样品外观质量评价、图像采集、理化指标检测、内在感官质量评价以及烟叶样品制备、审定等过程中有必要对烟叶样品事先进行水分调节及平衡的工作环境。

2　术语和定义

下列术语和定义适用于本文件。

2.1

大气　atmosphere

由温度、相对湿度、压力中的一个或几个参数共同确定的环境条件。

2.2

调节大气　conditioning atmosphere

试验前保存烟叶样品的大气。

注1：调节大气由温度、相对湿度和压力三个参数中的一个或几个参数来确定，这些参数的数值在给定的时间内其变化应保持在规定的允差范围内。

注2：调节指在试验之前把烟叶样品放置在一个规定的温度和相对湿度条件下，并保持一段给定的时间，是整个试验的一部分。

注3：调节可以在实验室、特殊的密封测试箱或调节箱内进行。

注4：调节和测试的大气环境的参数值和周期取决于被测烟叶样品的用途。

2.3

测试大气　test atmosphere

被暴露在试验过程中的烟叶样品的大气。

注1：测试大气由温度、相对湿度和压力三个参数中的一个或几个参数来确定，这些参数的数值在给定的时间内其变化应保持在规定的允差范围内。

注2：试验可以在实验室或调节箱内进行，选择哪一种取决于试样的性质和试验本身。

3　大气环境 I 的要求

该大气环境适用于烟叶样品的外观质量评价、图像采集、烟叶样品制备、烟叶样品审定等的工作环境。

3.1　调节大气 I

调节大气 I 应规定如下：

——温度（22.0±1.0）℃；

——相对湿度（70.0±3.0）%。

以上所列的具体公差范围限定的是试样周围的瞬时大气环境，因此，试样周围的大气环境应保持在平均温度22℃和平均相对湿度70%的公差范围内。

3.2　测试大气 I

测试大气 I 要求应与调节大气 I 相同，但是有更宽的允差：

——温度（22.0±2.0）℃；

——相对湿度（70.0±5.0）%。

应对大气压力进行测试，如果大气压力在86kPa~106kPa范围之外，在试验报告中加以说明。

4　大气环境 II 的要求

该大气环境适用于烟叶样品的理化指标检测、内在感官质量评价等的工作环境。

4.1　调节大气 II

调节大气 II 应规定如下：

——温度（22.0±1.0）℃；

——相对湿度（60.0±3.0）%。

以上所列的具体公差范围限定的是试样周围的瞬时大气环境，因此，试样周围的大气环境应保持在平均温度22℃和平均相对湿度60%的公差范围内。

4.2　测试大气 II

测试大气 II 要求应与调节大气 II 相同，但是有更宽的允差：

——温度（22.0±2.0）℃；

——相对湿度（60.0±5.0）%。

应对大气压力进行测试，如果大气压力在86kPa~106kPa范围之外，在试验报告中加以说明。

5 调节

5.1 调节时间

在实际测试中，烟叶样品需要逐片平摊开并在以上调节大气环境（Ⅰ、Ⅱ）下平衡48 h。同时，推荐使用可溯源的标准件校准过的温湿度计来验证烟叶样品周围的大气湿度和温度。

> 注：在调节前，由于某些原因如果烟叶样品要保持10 d以上，应把这些样品贮存在封闭的样品袋内。如果样品需保存3个月以上，建议将其放置在−18.0℃或−18.0℃以下的冷库中贮存。

5.2 平衡的检验

凡符合下列条件之一的烟叶样品，应被认为已获得平衡：

a）烟叶样品的质量相对变化在3 h以内不大于0.2%；

b）当烟叶样品放置在与其体积相当的密闭容器内，该容器中的湿度与规定的调节大气的湿度相同。

第二章

烟叶样品检测方法

第一节 概述

烟叶样品检测方法包括主要物理特性检测方法和常规化学成分检测方法两个部分，主要物理特性指标包含与外观等级质量相关指标、耐加工性指标以及燃烧性指标等；常规化学成分包含总糖、还原糖、烟碱、总氮、钾和氯。本章中的烟叶样品检测方法可为开展烟叶外观质量与其物理指标关系、烟叶工业可用性与其化学指标关系的研究等工作奠定方法基础。

烟叶样品的主要物理特性指标与烟叶外观等级质量、耐加工性以及内在成分关系密切，本章主要包含烟叶样品的平衡含水率及水分的测定、颜色值的测定、长度的测定、宽度与开片度的测定、叶尖夹角的测定、单叶质量的测定、厚度的测定、定量与叶面密度与松厚度的测定、含梗率的测定、拉力及抗张强度的测定、烟丝填充值的测定、卷烟自由燃烧速度的测定、热水可溶物的测定13个物理特性指标，共14个检测方法标准（其中水分的测定包含烘箱法和快速水分仪检测法两个标准）。

烟叶样品常规化学成分与烟叶内在质量具有较大相关性，以烟叶的工业可用性为导向，本章主要介绍了糖类、总氮、总植物碱（烟碱）、钾、氯在烟草中的作用及适宜含量范围，并简要介绍了行业目前一般采用的连续流动检测方法及近红外检测技术在常规化学成分检测中的应用。

第二节　主要物理特性检测方法标准

一、烟叶样品　平衡含水率及水分的测定

（一）烟叶样品　平衡含水率的测定　烘箱法

1　范围

本文件界定了烟叶平衡含水率及水分的定义，描述了烟叶样品平衡含水率和水分的经典测定方法。

本文件适用于烟叶样品。

2　规范性引用文件

下列文件中的内容通过文中的规范性引用而构成本文件必不可少的条款。其中，注日期的引用文件，仅该日期对应的版本适用于本文件；不注日期的引用文件，其最新版本（包括所有的修改单）适用于本文件。

Q/YNZY(YY).J07.002—2022　烟叶样品　调节和测试的大气环境

3　术语和定义

下列术语和定义适用于本文件。

3.1

烟叶水分　water content

烟叶含水率

烟叶含水量

烟叶在一定温度下以烘干方式去掉的水分质量占烘干前样品质量的百分比。

注：烟叶水分直接影响烟叶的外观质量、物理特性和内在感官质量，同时，烟叶水分也是烟叶加工过程中的一项重要工艺控制参数。

3.2

吸湿性　hygroscopicity

烟叶能根据空气温湿度的变化从空气中吸收水分或向空气中散发水分的性质。

3.3

平衡含水率　equilibrium moisture content

在调节和测试的大气环境Ⅱ下［相对湿度（60.0±3.0）%、温度（22.0±1.0）℃］，烟叶表面水蒸气压力与周围空气中水蒸气分压力相对平衡时烟叶的含水率。

4　原理

在一定烘箱条件下将烟叶样品烘干，烘干前后的质量差占样品质量的百分比即为烟叶样品的水分含量。

5　仪器设备

5.1　电子天平：分度值d=0.001 g。

5.2　精密烘箱：控温范围20.0 ℃~250.0 ℃，温控误差±1.0 ℃。

5.3　切丝机：切丝宽度0.80 mm±0.05 mm。

5.4　样品盒：铝制圆形水分检测盒（直径4.0 cm~6.5 cm，高2.0 cm~4.5 cm）。

5.5　硅胶干燥器。

6　检测方法

6.1　样品平衡

选取具有代表性的烟叶样品，按照Q/YNZY(YY).J07.002—2022《烟叶样品　调节和测试的大气环境》中大气环境Ⅱ的要求，在相对湿度（60.0±3.0）%、温度（22.0±1.0）℃条件下平衡48 h。

> 注：烟叶样品平衡含水率测定时应对样品事先进行水分平衡，而烟叶样品原始水分的测定不需此步骤。

6.2　样品制备

随机抽取10片烟叶样品（基准烟叶样品不应少于5片），在相对湿度（60.0±3.0）%、温度（22.0±1.0）℃条件下，沿主脉将烟叶样品撕开成两个半叶，每片烟叶任取一个半叶，切成宽度为0.80 mm±0.05 mm的烟丝，将切好的烟丝混匀，按照四分法称取2 g已备好的烟丝样品，精确至0.001 g。

6.3 水分测定

6.3.1 样品盒质量测定

将编有号码的样品盒打开盖子，放入烘箱，在（100.0±1.0）℃下烘干2 h，加盖取出样品盒，放入硅胶干燥器中冷却至室温（时间约30 min），随后立即称重，精确至0.001 g。

6.3.2 样品水分测定

将称取好的烟丝样品置于已知干燥质量的样品盒内，记录称得的样品总质量（含样品盒质量），去盖后放入温度（100.0±1.0）℃的烘箱中烘干，自温度升至100℃时算起，烘2 h，加盖，取出，放入干燥器内，冷却至室温（时间约30 min），称量烘后样品的总质量（含样品盒质量），烘前样品质量与烘后样品质量之差占样品质量的比值即为样品含水率。

> **注**：每个样品平行测定两次，且两次平行测定结果绝对值之差不应大于0.1%，如平行试验结果误差超过规定时，应做第三份试验，在三份结果中以两个误差接近的平均值为准。

7 结果表示

含水率由式（1）计算获得，按式（2）计算两次平行测定的平均值，并作为测量结果，精确至0.01%。

$$含水率 = \frac{烘前质量 - 烘后质量}{烘前质量} \times 100\% \quad\quad\quad\quad\quad (1)$$

$$\bar{d} = \sum_{i=1}^{n} d_i / n \quad\quad\quad\quad\quad\quad\quad\quad (2)$$

式中：

$\bar{d}$ ——测定结果的算术平均值；

d_i ——单次测定结果；

n ——平行测定次数，单位为次。

8 检测报告

检测报告应包括但不限于以下内容：

——本方法的编号；

——样品产地、年份、品种、等级及说明；

——测定时间；

　　——测试时环境温湿度等条件；

　　——测定结果。

（二）烟叶样品　平衡含水率的测定　快速水分检测法

1　范围

本文件界定了烟叶平衡含水率的定义，描述了烟叶样品平衡含水率的快速测定方法。

本文件适用于烟叶样品。

2　规范性引用文件

下列文件中的内容通过文中的规范性引用而构成本文件必不可少的条款。其中，注日期的引用文件，仅该日期对应的版本适用于本文件；不注日期的引用文件，其最新版本（包括所有的修改单）适用于本文件。

Q/YNZY(YY).J07.002—2022　烟叶样品　调节和测试的大气环境

Q/YNZY(YY).J07.202—2022　烟叶样品　平衡含水率的测定　烘箱法

3　术语和定义

Q/YNZY(YY).J07.202—2022界定的术语和定义适用于本文件。

4　原理

利用卤素加热快速水分检测仪加热烟叶样品，根据热失重原理（加热前后样品的失重来测量水分）快速检测烟叶样品的水分含量。

5　仪器设备

5.1　电子天平：分度值d=0.001 g。

5.2　快速水分检测仪。

5.3　精密烘箱：控温范围20.0 ℃~250.0 ℃，温控误差±1.0 ℃。

5.4　切丝机：切丝宽度0.80 mm±0.05 mm。

5.5　铝制样品盘：直径10.0 cm。

5.6　标准砝码：2.0 g。

6　检测方法

6.1　样品平衡

选取具有代表性的烟叶样品，按照Q/YNZY(YY).J07.002—2022《烟叶样品　调节和测试的大气环境》中大气环境Ⅱ的要求，在相对湿度（60.0 ± 3.0）%、温度（22.0 ± 1.0）℃条件下平衡48 h。

> 注：烟叶样品平衡含水率测定时应对样品事先进行水分平衡，而烟叶样品原始水分的测定不需此步骤。

6.2　样品制备

随机抽取10片烟叶样品（基准烟叶样品不应少于5片），在相对湿度（60.0 ± 3.0）%、温度（22.0 ± 1.0）℃条件下，沿主脉将烟叶样品撕开成两个半叶，每片烟叶任取一个半叶，切成宽度为0.80 mm ± 0.05 mm的烟丝，将切好的烟丝混匀，按照四分法称取1.5 g已备好的烟丝样品，精确至0.001 g。

6.3　快速水分测定

测试环境条件：相对湿度（60.0 ± 3.0）%、温度（22.0 ± 1.0）℃。

6.3.1　开机

接通仪器电源，开机并预热60 min。

6.3.2　水平调节

调节仪器的水平调节器，直至气泡出现在水平仪的正中间。准确的水平定位和平稳安装是仪器获得可重复应用且精确的测量结果的先决条件。

6.3.3　仪器校正

a）砝码校正

为获取精确的结果，在首次使用仪器之前或者改变放置位置后，应用砝码进行校正。用2.0 g标准砝码在仪器校正程序下校正。

b）温度校正

在检测过程中，样品的实际温度主要取决于样品的具体吸收性能，可在测量过程中发生改变。样品表面的温度与其内部温度可能存在不同。因此，热量输出并非取决于样品的实际温度，而是取决于位于仪器加热单元下方的温度传感器的校正。基于上述原因，样品温度与仪器显示屏上显示的温度稍有不同，可通过对加热单元进行定期测试或校正，以确保仪器获得一致且可重现的热量输出（此项校正工作可从仪器公司获取帮助）。

6.3.4　参数设置

ａ）干燥温度：100.0℃；

ｂ）终点判定：热失重速率为1.0 mg/120.0 s。

6.3.5　快速水分测定

ａ）将空的样品盘放入样品盘手柄中，然后放入防风罩内，关上干燥单元，仪器中的天平自动归零。

ｂ）打开干燥单元，将称取好的烟丝样品放置于样品盘中（尽量将烟丝平铺均匀），关闭干燥单元。

ｃ）烘干与测量过程自动启动，当到达设置的检测终点时，检测结束并显示结果。

注1：每个样品平行测定两次，且两次平行测定结果绝对值之差不应大于0.1%，如平行试验结果误差超过规定时，应做第三份试验，在三份结果中以两个误差接近的平均值为准。

注2：本文件应定期与烘箱法进行结果的比对和校正，烘箱法详见Q/YNZY(YY).J07.202—2022。

7　结果表示

含水率由式（1）计算获得，按式（2）计算两次平行测定的平均值，并作为测量结果，精确至0.01%。

$$含水率 = \frac{烘前质量 - 烘后质量}{烘前质量} \times 100\% \quad\quad\quad (1)$$

$$\bar{d} = \sum_{i=1}^{n} d_i / n \quad\quad\quad\quad\quad\quad (2)$$

式中：

$\bar{d}$ ——测定结果的算术平均值；

d_i ——单次测定结果；

n ——平行测定次数，单位为次。

8　检测报告

检测报告应包括但不限于以下内容：

——本方法的编号；

——样品产地、年份、品种、等级及说明；

——测定时间；

——测试时环境温湿度等条件；

——测定结果。

二、烟叶样品　颜色值的测定　色差仪检测法

1　范围

本文件界定了烟叶颜色的定义，描述了利用色差仪检测烟叶样品颜色值的方法。

本文件适用于烟叶样品。

2　规范性引用文件

下列文件中的内容通过文中的规范性引用而构成本文件必不可少的条款。其中，注日期的引用文件，仅该日期对应的版本适用于本文件；不注日期的引用文件，其最新版本（包括所有的修改单）适用于本文件。

Q/YNZY(YY).J07.002—2022　烟叶样品　调节和测试的大气环境

3　术语和定义

下列术语和定义适用于本文件。

3.1

烟叶颜色　colour of tobacco leaves

同一型烟叶经调制后烟叶的相关色彩、色泽饱和度和色值的状态。

注：烟叶颜色是烟叶的一项重要物理特性指标，也是烟叶分级（分组）的重要指标依据，与烟叶样品的内在和外观品质密切相关。

4　原理

色差仪是一种通过光/电转换的原理进行颜色值和色差值测量的光学仪器，在

仪器光源的作用下，对被测物体进行色彩的数据分析和采集。样品的颜色值可以通过 L、a、b 颜色标尺感知并测量，也可以通过采集到的标样数据和试样数据进行分析比较，以得出色差结果。

5 仪器设备

5.1 色差仪

设置应满足以下条件：

a）测色孔径：8 mm；

b）光源和测定角：D65/10°；

c）含光方式：SCE模式（排除镜面反射光）。

5.2 白色标准试验台

a）工作台台面颜色值为N7.3且台面应具有漫反射特性。

b）工作台台面高度为离地面850 mm~1050 mm，此为一般情况下工作人员站立、手臂自然下垂时手腕距离地面的高度。

5.3 标准光源条件

a）色温：5500 K~5600 K。

b）工作台照度：2000 lx ± 200 lx。

c）显色指数：Ra > 92.0。

6 检测方法

6.1 样品平衡

选取具有代表性的烟叶样品，按照Q/YNZY(YY).J07.002—2022《烟叶样品 调节和测试的大气环境》中大气环境Ⅱ的要求，在相对湿度（60.0 ± 3.0）%、温度（22.0 ± 1.0）℃条件下平衡48 h。

6.2 颜色值的测定

测试环境条件：相对湿度（60.0 ± 3.0）%、温度（22.0 ± 1.0）℃。

6.2.1 仪器校正

开启仪器电源，并对仪器进行黑白版校正。

a）黑校正：又称零点校正，用仪器测量孔对准零点校准盒，在黑校正模式下进行，黑校正可以补偿由于光学系统的光斑特性而产生的杂散光影响。

b）白校正：又称白校准，用仪器测量孔对准白校正板，在白校正模式下进行，白校正可将最大反射率标定为100%，获得仪器现实的照射能量。

注：黑白板校正的作用是为仪器实时标定理想白和理想黑，使仪器测量结果更准确。

6.2.2 颜色值检测

随机抽取10片平衡后的烟叶样品（基准烟叶样品不应少于5片），在相对湿度（60.0±3.0）%、温度（22.0±1.0）℃条件下，将样品平铺在试验台上，用色差仪垂直接触于烟叶表面进行检测。

a）点位选择

在烟叶叶面垂直烟叶主脉进行四等分划线，在每一条四等分线的主脉与叶缘的中间点位置各选择1个点（避开病斑和叶脉等颜色变化较大的位置），每片烟叶共取6个点（如图1所示），以6个点测定的平均值作为该片烟叶的颜色值。

b）测定的色度学指标

测定的色度学指标主要包括L（明度值），a（红绿色度值，正值代表红色度，负值代表绿色度），b（黄蓝色度值，正值代表黄色度，负值代表蓝色度）。

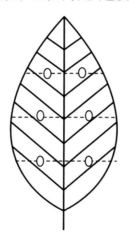

图1 颜色值检测取样位置示意图

7 结果表示

烟叶颜色值（L、a、b）以测定结果的算术平均值表示，按式（1）进行计算，精确至0.01。相对标准偏差RSD由式（2）进行计算，结果精确至0.01%。

$$\bar{d}(L, a, b) = \sum_{i=1}^{n} d_i / n \quad\cdots\cdots\cdots\cdots\cdots\cdots\cdots（1）$$

$$RSD = \left\{ \left[\sum_{i=1}^{n} (d_i - \bar{d})^2 /(n-1) \right]^{1/2} / \bar{d} \right\} \times 100\% \quad\cdots\cdots\cdots\cdots（2）$$

式中：

$\overline{d}$ ——测定结果的算术平均值；

d_i ——单次测定结果；

n ——烟叶样品的片数，单位为片。

8　检测报告

检测报告应包括但不限于以下内容：

——本方法的编号；

——样品产地、年份、品种、等级及说明；

——测定时间、仪器型号和参数设置；

——测试时样品的水分及环境温湿度等条件；

——测定结果的平均值、最大值、最小值、偏差和相对标准偏差等。

三、烟叶样品　长度的测定

1　范围

本文件界定了烟叶长度的定义，描述了烟叶样品长度的测定方法。

本文件适用于烟叶样品。

2　规范性引用文件

下列文件中的内容通过文中的规范性引用而构成本文件必不可少的条款。其中，注日期的引用文件，仅该日期对应的版本适用于本文件；不注日期的引用文件，其最新版本（包括所有的修改单）适用于本文件。

Q/YNZY(YY).J07.002—2022　烟叶样品　调节和测试的大气环境

3　术语和定义

下列术语和定义适用于本文件。

3.1

烟叶长度　length of tobacco

烟叶由基部到叶尖的直线度量，主要由柄端沿主脉方向的实用长度计量，以厘米为度量单位。

注：长度是烟叶重要的物理特性之一，体现着烟叶生长发育的状况。

4　仪器设备

标准测量钢尺：长度为 100 cm，分度值为 1 mm。

5　检测方法

5.1　样品平衡

选取具有代表性的烟叶样品，按照 Q/YNZY(YY).J07.002—2022《烟叶样品　调节和测试的大气环境》中大气环境Ⅱ的要求，在相对湿度（60.0±3.0）%、温度（22.0±1.0）℃条件下平衡 48 h。

5.2　长度测定

测试环境条件：相对湿度（60.0±3.0）%、温度（22.0±1.0）℃。

随机抽取 10 片平衡后的烟叶样品（基准烟叶样品不应少于 5 片），将标准测量钢尺固定于试验台上，逐片测定烟叶长度（如图 1 所示），长度测定结果精确到 0.1 cm。

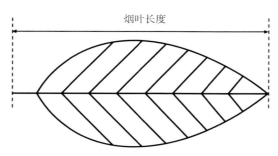

图1　烟叶长度检测位置示意图

6　结果表示

烟叶长度值以测定结果的平均值表示，按式（1）进行计算，精确至 0.01 cm。

相对标准偏差RSD由式（2）进行计算，精确至0.01%。

$$\overline{d} = \sum_{i=1}^{n} d_i / n \quad\cdots\cdots\cdots\cdots\cdots\cdots\cdots\cdots\cdots\cdots\cdots\cdots\cdots（1）$$

$$RSD = \left\{ \left[\sum_{i=1}^{n} (d_i - \overline{d})^2 / (n-1) \right]^{1/2} / \overline{d} \right\} \times 100\% \quad\cdots\cdots\cdots\cdots\cdots\cdots（2）$$

式中：

$\overline{d}$ ——测定结果的算术平均值；

d_i ——单次测定结果；

n ——烟叶样品的片数，单位为片。

7　检测报告

检测报告应包括但不限于以下内容：

——本方法的编号；

——样品产地、年份、品种、等级及说明；

——测定时间；

——测试时样品的水分及环境温湿度等条件；

——测定结果的平均值、最大值、最小值、偏差和相对标准偏差等。

四、烟叶样品　宽度与开片度的测定

1　范围

本文件界定了烟叶宽度与开片度的定义，描述了烟叶样品宽度与开片度的测定方法。

本文件适用于烟叶样品。

2　规范性引用文件

下列文件中的内容通过文中的规范性引用而构成本文件必不可少的条款。其中，注日期的引用文件，仅该日期对应的版本适用于本文件；不注日期的引用文件，其最新版本（包括所有的修改单）适用于本文件。

Q/YNZY(YY).J07.002—2022　烟叶样品　调节和测试的大气环境

Q/YNZY(YY).J07.204—2022　烟叶样品　长度的测定

3 术语和定义

下列术语和定义适用于本文件。

3.1

烟叶宽度 width of tobacco leaf

烟叶叶片两边最宽处的距离。

注：烟叶宽度是衡量烟叶发育状况的指标之一。

3.2

开片度 leaf openness

烟叶宽度与烟叶长度的比值，结果以％表示。

注：开片度与烟叶着生部位密切相关，烟叶的开片度一般符合上部烟叶＜中部烟叶＜下部烟叶的规律。

4 仪器设备

标准测量钢尺：长度为100 cm，分度值为1 mm。

5 检测方法

5.1 样品平衡

选取具有代表性的烟叶样品，按照Q/YNZY(YY).J07.002—2022《烟叶样品　调节和测试的大气环境》中大气环境Ⅱ的要求，在相对湿度（60.0±3.0）％、温度（22.0±1.0）℃条件下平衡48 h。

5.2 宽度测定

测试环境条件要求：相对湿度（60.0±3.0）％、温度（22.0±1.0）℃。

随机抽取10片平衡后的烟叶样品（基准烟叶样品不应少于5片），将标准测量钢尺固定于试验台上，逐片测定烟叶宽度（如图1所示），宽度测定结果精确至0.1 cm。

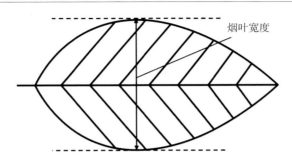

图1 烟叶宽度检测位置示意图

5.3 长度测定

按照 Q/YNZY(YY).J07.204—2022《烟叶样品 长度的测定》进行烟叶长度的测定。

6 结果表示

烟叶宽度以测定结果的平均值表示，按式（1）进行计算，精确至0.01 cm。相对标准偏差 RSD 由式（2）进行计算，精确至0.01%。

$$\overline{d} = \sum_{i=1}^{n} d_i / n \quad\text{(1)}$$

$$RSD = \left\{ \left[\sum_{i=1}^{n} (d_i - \overline{d})^2 / (n-1) \right]^{1/2} / \overline{d} \right\} \quad\text{(2)}$$

式中：

$\overline{d}$ ——测定结果的算术平均值；

d_i ——单次测定结果；

n ——烟叶样品的片数，单位为片。

烟叶样品的开片度按式（3）计算，结果精准至0.01%。

$$开片度 = \frac{烟叶宽度}{烟叶长度} \times 100\% \quad\text{(3)}$$

7 检测报告

检测报告应包括但不限于以下内容：

——本方法的编号；

——样品产地、年份、品种、等级及说明；

——测定时间；

——测试时样品的水分及环境温湿度等条件；

——测定结果的平均值、最大值、最小值、偏差和相对标准偏差等。

五、烟叶样品 叶尖夹角的测定

1 范围

本文件界定了叶尖夹角的定义，描述了烟叶样品叶尖夹角的测定方法。

本文件适用于烟叶样品。

2 规范性引用文件

下列文件中的内容通过文中的规范性引用而构成本文件必不可少的条款。其中，注日期的引用文件，仅该日期对应的版本适用于本文件；不注日期的引用文件，其最新版本（包括所有的修改单）适用于本文件。

Q/YNZY(YY).J07.002—2022 烟叶样品 调节和测试的大气环境

3 术语和定义

下列术语和定义适用于本文件。

3.1

叶尖夹角 blade tip angle

叶片尖部锐钝的程度。

注：叶尖夹角是衡量烟叶发育状况及部位特征的指标之一，单位为度（°）。

4 仪器设备

双臂量角器：最小刻度单位为1°。

5 检测方法

5.1 样品平衡

选取具有代表性的烟叶样品，按照Q/YNZY(YY).J07.002—2022《烟叶样品 调节和测试的大气环境》中大气环境Ⅱ的要求，在相对湿度（60.0±3.0）%、温度（22.0±1.0）℃条件下平衡48 h。

5.2 叶尖夹角测定

测试环境条件要求：相对湿度（60.0±3.0）%、温度（22.0±1.0）℃。

随机抽取10片平衡后的烟叶样品（基准烟叶样品不应少于5片），用双臂量角器逐片测定烟叶样品的叶尖夹角（如图1所示），叶尖夹角测定结果精确至0.1°。

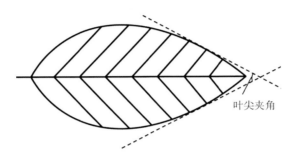

叶尖夹角

图1 叶尖夹角检测位置示意图

6 结果表示

叶尖夹角值以测定结果的平均值表示，按式（1）进行计算，精确至0.1°。相对标准偏差*RSD*由式（2）进行计算，精确至0.01%。

$$\overline{d} = \sum_{i=1}^{n} d_i / n \quad\text{……………………（1）}$$

$$RSD = \left\{ \left[\sum_{i=1}^{n} (d_i - \overline{d})^2 / (n-1) \right]^{1/2} / \overline{d} \right\} \times 100\% \quad\text{…………（2）}$$

式中：

$\overline{d}$ ——测定结果的算术平均值；

d_i ——单次测定结果；

n ——烟叶样品的片数，单位为片。

7 检测报告

检测报告应包括但不限于以下内容：

——本方法的编号；

——样品产地、年份、品种、等级及说明；

——测定时间；

——测试时样品的水分及环境温湿度等条件；

——测定结果的平均值、最大值、最小值、偏差和相对标准偏差等。

六、烟叶样品 单叶质量的测定

1 范围

本文件界定了烟叶单叶质量的定义，描述了烟叶样品单叶质量的测定方法。

本文件适用于烟叶样品。

2 规范性引用文件

下列文件中的内容通过文中的规范性引用而构成本文件必不可少的条款。其中，注日期的引用文件，仅该日期对应的版本适用于本文件；不注日期的引用文件，其最新版本（包括所有的修改单）适用于本文件。

Q/YNZY(YY).J07.002—2022 烟叶样品 调节和测试的大气环境

3 术语和定义

下列术语和定义适用于本文件。

3.1

单叶质量 single-leaf weight

单片烟叶的质量。

注：单叶质量是反映叶片内含物充实程度的主要指标，单位为克（g）。

4 仪器设备

电子天平：量程为2200 g，分度值为0.01 g。

5 检测方法

5.1 样品平衡

选取具有代表性的烟叶样品，按照Q/YNZY(YY).J07.002—2022《烟叶样品 调节和测试的大气环境》中大气环境Ⅱ的要求，在相对湿度（60.0±3.0）%、温度（22.0±1.0）℃条件下平衡48 h。

5.2 单叶质量测定

测试环境条件：相对湿度（60.0±3.0）%、温度（22.0±1.0）℃。

随机抽取10片平衡后的烟叶样品（基准烟叶样品不应少于5片），将烟叶表面尘土清除，用电子天平逐片测定烟叶样品的单叶质量，单叶质量测定结果精确至0.01 g。

6 结果表示

单叶质量以测定结果的平均值表示，按式（1）进行计算，精确至0.01 g。相对标准偏差RSD由式（2）进行计算，精确至0.01%。

$$\bar{d} = \sum_{i=1}^{n} d_i / n \quad\text{…………………………………（1）}$$

$$RSD = \left\{ \left[\sum_{i=1}^{n} (d_i - \bar{d})^2 / (n-1) \right]^{1/2} / \bar{d} \right\} \times 100\% \quad\text{………………（2）}$$

式中：

$\bar{d}$ ——测定结果的算术平均值；

d_i ——单次测定结果；

n ——烟叶样品的片数，单位为片。

7 检测报告

检测报告应包括但不限于以下内容：

——本方法的编号；

——样品产地、年份、品种、等级及说明；

——测定时间；

——测试时样品的水分及环境温湿度等条件；

——测定结果的平均值、最大值、最小值、偏差和相对标准偏差等。

七、烟叶样品　叶片厚度的测定

1　范围

本文件界定了烟叶身份和厚度的定义，描述了烟叶样品厚度的测定方法。

本文件适用于烟叶样品。

2　规范性引用文件

下列文件中的内容通过文中的规范性引用而构成本文件必不可少的条款。其中，注日期的引用文件，仅该日期对应的版本适用于本文件；不注日期的引用文件，其最新版本（包括所有的修改单）适用于本文件。

Q/YNZY(YY).J07.002—2022　烟叶样品　调节和测试的大气环境

3　术语和定义

下列术语和定义适用于本文件。

3.1

烟叶身份　identity

叶片的厚度、密度和单位面积质量的综合状态。

注：烟叶身份是烟叶分级的一项重要外观品质因素，通常以烟叶的厚度来表征。

3.2

厚度　thickness

烟叶在恒定压力作用下，两测量面间的距离。

注：测量结果以毫米（mm）或微米（μm）表示。

4 原理

在规定的静态负荷下，用符合测试精度要求的厚度测定仪测量出烟叶的厚度。厚度的检测通常包括层积厚度法和单层厚度法两种测试方法，由于烟叶质地较软并有一定弹性，经试验表明，测试其层积厚度的误差较大，因而，烟叶厚度的检测采用单层厚度法。

5 仪器设备

5.1 厚度测定仪

厚度测定仪设置应满足以下配置和参数：

a）厚度测定仪装有两个互相平行的圆形测量面，接触面积为（200±5）mm^2，烟叶样品可以放入两测量面进行测量；

b）采用恒定负荷重的方法，设定速度为3 mm/s；

c）接触压力为（100±10）kPa，偏差应在规定范围内，以确保两测量面间的压力均匀。

6 检测方法

6.1 样品平衡

选取具有代表性的烟叶样品，按照Q/YNZY(YY).J07.002—2022《烟叶样品 调节和测试的大气环境》中大气环境Ⅱ的要求，在相对湿度（60.0±3.0）%、温度（22.0±1.0）℃条件下平衡48 h。

6.2 厚度测定

测试环境条件：相对湿度（60.0±3.0）%、温度（22.0±1.0）℃。

6.2.1 开机

打开厚度测定仪，预热15min以上，调零校准，设置参数。

6.2.2 检测

随机抽取10片平衡后的烟叶样品（基准烟叶样品不应少于5片），在相对湿度（60.0±3.0）%、温度（22.0±1.0）℃条件下，用厚度测定仪分别测定叶尖、叶中及叶基部分的厚度，取点位于主脉与两侧叶缘的中间点位置，任选一个半叶，避开病斑、支脉等厚度变化较大的位置，均匀地选择3个点（如图1所示），以3个点的厚度平均值作为该片烟叶的厚度，厚度测定结果精确至0.001 mm。

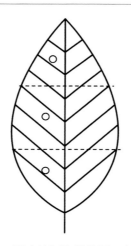

图1 厚度检测取样位置示意图

7 结果表示

烟叶厚度以测定结果的算术平均值表示，按式（1）进行计算，精确至0.001 mm。相对标准偏差RSD由式（2）进行计算，结果精确至0.01%。

$$\overline{d} = \sum_{i=1}^{n} d_i / n \quad \text{……………………………………} （1）$$

$$RSD = \left\{ \left[\sum_{i=1}^{n} (d_i - \overline{d})^2 / (n-1) \right]^{1/2} / \overline{d} \right\} \times 100\% \quad \text{……………………} （2）$$

式中：

$\overline{d}$ ——测定结果的算术平均值；

d_i ——单次测定结果；

n ——烟叶样品的片数，单位为片。

8 检测报告

检测报告应包括但不限于以下内容：

——本方法的编号；

——样品产地、品种、等级及说明；

——测定时间；

——测试时样品的水分及环境温湿度等条件；

——测定结果的平均值、最大值、最小值、偏差和平均标准偏差等。

八、烟叶样品　定量、叶面密度与松厚度的测定

1　范围

本文件界定了烟叶定量、叶面密度和松厚度的定义，描述了烟叶样品定量、叶面密度与松厚度的测定方法。

本文件适用于烟叶样品。

2　规范性引用文件

下列文件中的内容通过文中的规范性引用而构成本文件必不可少的条款。其中，注日期的引用文件，仅该日期对应的版本适用于本文件；不注日期的引用文件，其最新版本（包括所有的修改单）适用于本文件。

Q/YNZY(YY).J07.002—2022　烟叶样品　调节和测试的大气环境

Q/YNZY(YY).J07.208—2022　烟叶样品　叶片厚度的测定

3　术语和定义

下列术语和定义适用于本文件。

3.1

定量　grammage

叶片单位面积的质量。

注：以克每平方米（g/m^2）表示。烟叶的定量是表征其内部组织结构疏松或致密程度的一项重要指标，也是烟叶物理特性的一项重要参数。

3.2

叶面密度　density

叶片单位体积的质量。

注：用定量除以厚度表示，单位为克每立方厘米（g/cm^3）。叶面密度与烟叶的填充能力及燃烧性等都有密切关系。

3.3

松厚度 porosity

反映烟叶内部组织的空隙程度。

注： 用烟叶密度的倒数表示，单位为立方厘米每克（cm³/g）。

4 仪器设备

4.1 电子天平：分度值d=0.0001 g。

4.2 圆形打孔器：直径为15 mm。

4.3 厚度测定仪：仪器配置及参数设置参见Q/YNZY(YY).J07.208—2022《烟叶样品 叶片厚度的测定》。

5 检测方法

5.1 样品平衡

选取具有代表性的烟叶样品，按照Q/YNZY(YY).J07.002—2022《烟叶样品 调节和测试的大气环境》中大气环境Ⅱ的要求，在相对湿度（60.0±3.0）%、温度（22.0±1.0）℃条件下平衡48 h。

5.2 定量取样

测试环境条件：相对湿度（60.0±3.0）%、温度（22.0±1.0）℃。

随机抽取10片平衡后的烟叶样品（基准烟叶样品不应少于5片），用圆形打孔器沿着半叶的叶尖、叶中及叶基部位均匀地取3片直径为15mm的圆形小片（如图1所示），取样点与厚度的检测取样点一致[Q/YNZY(YY).J07.208—2022《烟叶样品 叶片厚度的测定》]，以3个点的定量、叶面密度与松厚度的平均值作为该片烟叶的定量、叶面密度与松厚度。

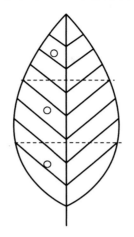

图1 定量检测取样位置示意图

5.3 样品称量

用1/10000分析天平分别称取5.2中圆形小片的质量，称量结果精确至0.0001 g。

5.4 厚度测定

按照Q/YNZY(YY).J07.208—2022中的方法检测烟叶样品的厚度，厚度测定结果精确至0.001 mm。

6 结果表示

圆片的定量、叶面密度和松厚度分别按式（1）~式（3）进行计算。其中，定量结果精确至0.01 g/m^2，叶面密度结果精确至0.001 g/cm^3，松厚度结果精确至0.001 cm^3/g。

$$定量 = \frac{圆片质量}{\pi \times \left(\dfrac{D}{2}\right)^2} \times 10^6 \quad\cdots\cdots\cdots\cdots\cdots\cdots\cdots\cdots（1）$$

$$叶面密度 = \frac{定量}{厚度} \times 10^{-3} \quad\cdots\cdots\cdots\cdots\cdots\cdots\cdots\cdots（2）$$

$$松厚度 = 1/叶面密度 \quad\cdots\cdots\cdots\cdots\cdots\cdots\cdots\cdots（3）$$

式中：

D——打孔直径，单位为毫米（mm）。

烟叶样品的定量、叶面密度与松厚度以测定结果的算术平均值表示，按式（4）进行计算，结果均精确至0.001；相对标准偏差RSD由式（5）进行计算，结果精确至0.01%。

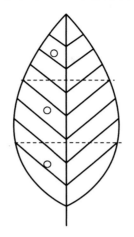

$$\overline{d} = \sum_{i=1}^{n} d_i / n \quad\cdots\cdots\cdots\cdots\cdots\cdots\cdots\cdots\cdots\cdots\cdots\cdots\cdots\cdots\cdots\cdots（4）$$

$$RSD = \left\{ \left[\sum_{i=1}^{n} (d_i - \overline{d})^2 / (n-1) \right]^{1/2} / \overline{d} \right\} \times 100\% \quad\cdots\cdots\cdots\cdots\cdots\cdots（5）$$

式中：

$\overline{d}$ ——测定结果的算术平均值；

d_i ——单次测定结果；

n ——烟叶样品的片数，单位为片。

7 检测报告

检测报告应包括但不限于以下内容：

——本方法的编号；

——样品产地、年份、品种、等级及说明；

——测定时间；

——测试时样品的水分及环境温湿度等条件；

——测定结果。

九、烟叶样品 含梗率的测定

1 范围

本文件界定了烟叶含梗率的定义，描述了烟叶样品含梗率的测定方法。

本文件适用于烟叶样品。

2 规范性引用文件

下列文件中的内容通过文中的规范性引用而构成本文件必不可少的条款。其中，注日期的引用文件，仅该日期对应的版本适用于本文件；不注日期的引用文件，其最新版本（包括所有的修改单）适用于本文件。

Q/YNZY(YY).J07.002—2022　烟叶样品　调节和测试的大气环境

3 术语和定义

下列术语和定义适用于本文件。

3.1

烟梗 stem

烟叶主脉。

3.2

叶片 lamina

烟叶除去主脉的烟片部分。

3.3

撕叶 stripping

从烟叶中撕去烟梗，得到烟片的过程。

3.4

去梗烟叶 strips

撕叶后的叶片。

3.5

含梗率 stemming rate

烟梗质量占烟叶总质量的比率。

4 仪器设备

电子天平：量程为2200 g，分度值d=0.01 g。

5 检测方法

5.1 样品平衡

选取具有代表性的烟叶样品，按照Q/YNZY(YY).J07.002—2022《烟叶样品 调节和测试的大气环境》中大气环境Ⅱ的要求，在相对湿度（60.0±3.0）%、温度（22.0±1.0）℃条件下平衡48 h。

5.2 含梗率测定

测试环境条件：相对湿度（60.0±3.0）%、温度（22.0±1.0）℃。

随机抽取10片平衡后的烟叶样品（基准烟叶样品不应少于5片），清除烟叶表面尘土，从烟叶中撕去烟梗，用1/100电子天平分别测定烟梗和叶片的质量，精确至0.01g，然后计算出烟叶样品的含梗率。

6 结果表示

烟叶样品的含梗率用烟梗质量占烟叶总质量的百分比表示，按式（1）计算，结果精确至0.01%。

$$含梗率 = \frac{烟梗质量}{烟叶总质量} \times 100\% \quad\cdots\cdots\cdots\cdots\cdots\cdots\cdots\cdots\cdots\cdots\cdots\cdots（1）$$

7 检测报告

检测报告应包括但不限于以下内容：
——本方法的编号；
——样品产地、品种、等级及说明；
——测定时间；
——测试时样品的水分及环境温湿度等条件；
——测定结果。

十、烟叶样品　拉力及抗张强度的测定　恒速拉伸法

1 范围

本文件界定了烟叶拉力及抗张强度的定义，描述了烟叶样品拉力及抗张强度的测定方法。
本文件适用于烟叶样品。

2 规范性引用文件

下列文件中的内容通过文中的规范性引用而构成本文件必不可少的条款。其中，注日期的引用文件，仅该日期对应的版本适用于本文件；不注日期的引用文件，其最新版本（包括所有的修改单）适用于本文件。
Q/YNZY(YY).J07.002—2022　烟叶样品　调节和测试的大气环境

3 术语和定义

下列术语和定义适用于本文件。

3.1

烟叶拉力 tobacco leaf tension

最大的应力

最大抗拉应力

在一定温湿度条件下，烟叶受外力的作用被拉伸至断裂时所能够承受的最大外力。

3.2

横向拉力 transverse tension

在烟叶中部最宽处沿垂直支脉方向取样所测得的样品拉力。

3.3

纵向拉力 longitudinal tension

在烟叶中部最宽处沿平行支脉方向取样所测得的样品拉力。

3.4

伸长率 elongation

在一定温湿度条件下，烟叶能被拉伸至断裂时所增长的长度与样品初始长度的百分比。

注：反映烟叶自然伸缩性能，并与其耐加工性密切相关。

3.5

抗张强度 tensile strength

在一定温湿度条件下，单位宽度烟叶被拉伸至断裂时所能够承受的最大外力。

注：抗张强度是烟叶的一项重要物理特性指标，可在一定程度上反映烟叶的发育状况和成熟程度。

3.6

抗张指数 tensile index

抗张强度除以定量。

4 原理

在一定的温湿度条件下平衡烟叶，按要求将烟叶裁剪成统一规格的样品，用拉力试验机恒速拉伸烟叶，检测烟叶被拉伸至断裂时所能承受的最大外力，同时计算得出烟叶的伸长率、抗张强度等指标。

5 仪器设备

5.1 拉力试验机

拉力试验机应满足以下性能：

a）拉伸速率恒定；

b）夹头两个，能够保证夹住规定宽度的试样；

c）张力精度控制在 ±1.0% 范围内。

5.2 裁切装置

可裁切满足实验宽度及长度要求的工具或设备，本文件所采用的裁切工具为钢制刀片，裁切烟叶时避免造成样品豁口或毛边。

5.3 测量工具

标准直尺：量程为20 cm，分度值为0.1 cm。

6 检测方法

6.1 样品平衡

选取具有代表性的烟叶样品，按照Q/YNZY(YY).J07.002—2022《烟叶样品 调节和测试的大气环境》中大气环境Ⅱ的要求，在相对湿度（60.0±3.0）%、温度（22.0±1.0）℃条件下平衡48 h。

6.2 样品裁切

随机抽取10片平衡后的烟叶样品（基准烟叶样品不应少于5片），将叶片尽量舒展、平铺，避开较粗的侧脉及支脉，在烟叶中部最宽处沿支脉及垂直支脉两个方向裁切长10.0 cm、宽1.0 cm的小长条，裁切位置见图1。

注：试样面积内没有明显的折痕和裂口，目测切口应整齐。

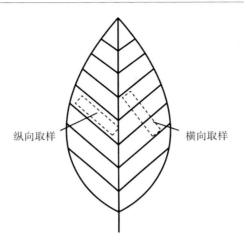

纵向取样　　　　　横向取样

图1　拉力检测样品裁切位置示意图

6.3　拉力测定

测试环境条件：相对湿度（60.0±3.0）%、温度（22.0±1.0）℃。

6.3.1　仪器设置

a）开机，预热30 min。

b）输入烟叶样品基本信息（年份、产地、等级等）。

c）选择测试方案。测试方向：拉伸；控制模式：定速度；拉伸速率：12 mm/min±2 mm/min。

d）调节夹头的负荷，保证样品在实验过程中无滑动，无损伤。

e）调节夹头位置，使样品可固定在夹头中间，摆正并夹紧试样，不留任何可觉察的松弛，并且不产生明显的应变，且保证试样平行于施加的张力方向。

6.3.2　测试样品

用拉力试验机分别测定6.2中的裁切样品。

7　结果表示

7.1　拉力及抗张强度

烟叶样品的拉力以测定结果的平均值表示，按式（1）进行计算，精确至0.001 N。相对标准偏差RSD由式（2）进行计算，精确至0.01%。

$$\overline{F} = \sum_{i=1}^{n} F_i / n \quad\text{……………………………………（1）}$$

$$RSD = \left\{ \left[\sum_{i=1}^{n} (F_i - \overline{F})^2 / (n-1) \right]^{1/2} / \overline{F} \right\} \times 100\% \quad\text{…………………（2）}$$

式中：

$\bar{F}$ ——拉力平均值；

F_i ——单次拉力测定结果；

n ——烟叶样品的片数，单位为片。

抗张强度的计算公式按式（3），结果精确至0.001 kN/m。

$$S= \frac{F}{L_W} \quad\cdots\cdots\cdots\cdots\cdots\cdots\cdots\cdots\cdots\cdots\cdots\cdots\cdots\cdots（3）$$

式中：

S ——抗张强度，单位为千牛每米（kN/m）；

F ——拉力，单位为牛（N）；

L_w ——裁切试样的宽度，单位为米（m）。

7.2 伸长率

伸长率按式（4）进行计算，结果精确至0.01%。

$$伸长率= \frac{断裂时增长的长度}{样品初始长度} \times 100\% \quad\cdots\cdots\cdots\cdots\cdots（4）$$

7.3 抗张指数

抗张指数按式（5）进行计算，结果精确至0.001 N·m/g。

$$抗张指数= \frac{抗张强度}{定量} \quad\cdots\cdots\cdots\cdots\cdots\cdots\cdots\cdots（5）$$

8 检测报告

检测报告应包括但不限于以下内容：

——本方法的编号；

——样品产地、品种、等级及说明；

——测定时间；

——测试时样品的水分及环境温湿度等条件；

——测定结果。

十一、烟叶样品 烟丝填充值的测定

1 范围

本文件界定了烟丝填充值的定义，描述了烟叶样品烟丝填充值的测定方法。

本文件适用于烟叶样品。

2 规范性引用文件

下列文件中的内容通过文中的规范性引用而构成本文件必不可少的条款。其中，注日期的引用文件，仅该日期对应的版本适用于本文件；不注日期的引用文件，其最新版本（包括所有的修改单）适用于本文件。

Q/YNZY(YY).J07.002—2022 烟叶样品 调节和测试的大气环境

3 术语和定义

下列术语和定义适用于本文件。

3.1

填充值 filling power

烟丝在一定时间、一定压力的持续作用下，单位质量所占的容积。

注：单位为 cm^3/g。

4 原理

将一定质量的烟丝置于测量桶中，测量烟丝在一定时间和一定压力作用下所保持的容积。

5 仪器设备

5.1 切丝机：切丝宽度为 0.80 mm ± 0.05 mm。

5.2 烟丝填充值测定仪应满足以下条件：

——测量桶：圆柱形，内壁光滑洁净，内直径（60.0±0.1）mm，高度不小于100 mm。

——施力测头：表面光滑洁净，能够对试样产生（29.4±0.5）N均匀压力，测头直径（55.0±0.1）mm。

——施压速度：（19.5±0.5）mm/s。

——长度传感器：能够准确测定试样柱高，准确度为0.01 mm，重复测定误差不大于0.03 mm。

——时间控制器：时间控制准确度为±0.5 s，分辨力1 s，且能满足（30.0±0.5）s的要求。

5.3 天平：称取试样用，分度值为10 mg。

5.4 标准量块：高度准确度为0.01 mm。

5.5 标准砝码：压力值准确度为0.01 N。

6 检测方法

6.1 样品平衡

选取具有代表性的烟叶样品，按照Q/YNZY(YY).J07.002—2022《烟叶样品 调节和测试的大气环境》中大气环境Ⅱ的要求，在相对湿度（60.0±3.0）%、温度（22.0±1.0）℃条件下平衡48 h。

6.2 样品制备

随机抽取10片平衡后的烟叶样品（基准烟叶样品不应少于5片），用切丝机将烟叶样品切成0.80 mm±0.05 mm的烟丝，将烟丝平摊成规格约为40 cm×40 cm的正方形，沿正方形对角线将样品均匀分成四份，取其中两份，再按上述方法取其四分之一作为试样。

6.3 填充值测定

测试环境条件：相对湿度（60.0±3.0）%、温度（22.0±1.0）℃。

6.3.1 开机

6.3.2 校准仪器

6.3.2.1 高度校准

校准之前保证测量桶内干净无异物，点击仪器界面校准里面的高度校准，先进行零点校准；零点校准完成之后将最小的标准量块（20 mm）放进测量桶的正中央，点击高度校准，输入标准量块的高度，仪器进行第一次高度校准；然后将最大的标准量块（80 mm）放进测量桶的正中央，输入实际高度，进行第二次高度校准，两次高度校准完成之后，即可返回主界面。

6.3.2.2 压力校准

将测量桶从托盘取下，点击仪器界面校准里面的压力校准，先进行清零，然后将标准砝码放置在托盘上，将标准砝码的压力值输入仪器中，仪器自动修改校正系数，再将其他质量的标准砝码放置在托盘上验证校正系数，即完成压力校准。

6.3.3 填充值检测

a）将时间控制器调至30.0 s。

b）打开天平，取一份试样，称取15.0 g的试样，精确至0.1 g；点击测试进入测试界面，将天平的数据读入填充值测试仪中，并将试料置入测量桶内。

c）驱动施力测头，使试样受到一个（29.4±0.5）N的均匀压力，点击测试按钮，仪器开始测试。

d）重复a）~c）步骤，共试验三次。

e）仪器根据传感器记录受压后的试料高度按7.1中的式（1）直接得出填充值测定结果。

7 结果表示

7.1 烟丝填充值按式（1）计算，计算结果精确至0.01 cm³/g。

$$d = \pi r^2 h / m \quad\quad\quad\quad（1）$$

式中：

d ——烟丝填充值，单位为立方厘米每克（cm³/g）；

r ——测量桶内半径，单位为厘米（cm）；

h ——受压后的试样高度，单位为厘米（cm）；

m ——试样质量，单位为克（g）。

7.2 烟丝填充值最终测定结果以三次测定结果的算术平均值表示，按式（2）进行计算，精确至0.1 cm³/g。相对标准偏差RSD由式（3）进行计算，精确至0.01%。

$$\bar{d} = \sum_{i=1}^{3} d_i / 3 \quad\quad\quad\quad（2）$$

$$RSD = \left\{ \left[\sum_{i=1}^{3} (d_i - \bar{d})^2 / 2 \right]^{1/2} / \bar{d} \right\} \times 100\% \quad\quad\quad\quad（3）$$

式中：

$\overline{d}$ ——三次测定结果的算术平均值；

d_i ——单次测定结果。

8 检测报告

检测报告应包括但不限于以下内容：

——本方法的编号；

——样品产地、年份、品种、等级及说明；

——测定时间、所用仪器和型号；

——测试时样品的水分及环境温湿度等条件；

——测定结果的平均值、最大值、最小值、偏差和相对标准偏差等。

十二、烟叶样品 卷烟自由燃烧速度的测定

1 范围

本文件界定了卷烟自由燃烧速度的定义，描述了烟叶样品卷烟自由燃烧速度的测定方法。

本文件适用于由烟叶样品制成的烟支。

2 规范性引用文件

下列文件中的内容通过文中的规范性引用而构成本文件必不可少的条款。其中，注日期的引用文件，仅该日期对应的版本适用于本文件；不注日期的引用文件，其最新版本（包括所有的修改单）适用于本文件。

Q/YNZY(YY).J07.002—2022 烟叶样品 调节和测试的大气环境

3 术语和定义

下列术语和定义适用于本文件。

3.1

卷烟自由燃烧速度　static burning rate of cigarette

烟支在无抽吸情况下，沿着烟支轴向方向阴燃的速度。

注：单位为毫米每分钟（mm/min）。

4　原理

在调节和测试的大气环境中，将平衡好的烟叶样品制作成统一规格的烟支，用卷烟自由燃烧速度检测仪测定烟支在特定燃烧距离下所用的时间，以平均燃烧速度来表征。

5　仪器设备

5.1　卷烟自由燃烧速度检测仪

卷烟自由燃烧速度检测仪应满足以下条件。

a）样品夹持装置：用于固定卷烟样品，能够使其保持水平、平整、不松动，不影响样品燃烧。

b）点火装置：用于点燃卷烟样品，点燃样品保证烟支燃烧截面相对整齐。

c）视觉传感系统：可利用视觉"边界"工具查找记录卷烟燃烧测试起始点和终止点的图像标记，从而计算得出卷烟自由燃烧的平均速度，并能够判断卷烟是否熄火。

d）灰烬收集装置：用于储存阴燃灰烬，有足够的安全性，以确保试验不存在任何火灾隐患。

e）燃烧室：有足够的空间保证卷烟样品在阴燃时的氧气供给，没有干扰气流，烟雾无紊流现象。

5.2　切丝机

切丝宽度为 0.80 mm ± 0.05 mm。

5.3　卷烟器

可将烟丝与空烟管卷制成一定规格的烟支，本文件选用适配 8.0 mm 直径烟管的卷烟器。

5.4 空烟管

用于将烟丝样品卷制成烟支，本文件采用直径为8.0mm的空烟管。

6 检测方法

6.1 样品平衡

选取具有代表性的烟叶样品，按照Q/YNZY(YY).J07.002—2022《烟叶样品 调节和测试的大气环境》中大气环境Ⅱ的要求，在相对湿度（60.0±3.0）%、温度（22.0±1.0）℃条件下平衡48 h。

6.2 样品制备

随机抽取10片平衡后的烟叶样品（基准烟叶样品不应少于5片），用切丝机将烟叶样品切成0.80 mm±0.05 mm的烟丝，将烟丝混合均匀，并用卷烟器和空烟管将烟丝制作成卷烟（卷烟长度78 mm，烟丝克重1.0 g±0.05 g）。

6.3 卷烟自由燃烧速度的测定

6.3.1 测试环境条件：相对湿度（60.0±3.0）%、温度（22.0±1.0）℃。

6.3.2 开机

a）开启仪器电源开关（光源、点火装置和视觉传感器被加电）。

b）开启卷烟端模式，并选择"卷烟"点火。

c）启动配备的计算机，打开操作系统。

注：光源加电后，请勿直视光源LED灯，以免造成眼睛不适。

6.3.3 参数设置

a）在"设置"菜单下选择"卷烟纸选择""卷烟"命令；

b）在"卷烟长度选择"中选择30 mm长度的卷烟的燃烧速度。

6.3.4 上样并点火

在插烟孔上插入待测的卷烟，要保持卷烟水平，不能上下或左右倾斜。手扶滑块推动加热器靠近卷烟，当加热器接触卷烟时，按下点火开关，待卷烟全部被点燃后立即把加热器拉回原位。

6.3.5 测试

a）点击卷烟自由燃烧速度检测仪操作系统软件中的"开始测试"按钮，测试结束后在弹出的对话框中输入卷烟信息和检验员，确定并保存数据。

b）本次操作结束，清理烟灰，更换新的待测卷烟，重复6.3.4~6.3.5步骤。

注：从点击"开始测试"按钮到本次测试结束期间，手或其他任何物品不进入镜头在被测卷烟之间的测试区域，以免对视觉传感器的信号判断造成干扰，影响测试结果。

6.3.6 结果输出

样品测试结束，仪器自动输出各个通道的卷烟燃烧时间显示和各项数据表格，表格里面含有每支卷烟的状态、耗时、速度、速度平均值、速度最大值、速度最小值、变异系数、检测时间、卷烟信息和检验员等信息。

7 结果表示

样品的自由燃烧速度以3次有效测定的平均值表示，按式（1）进行计算，精确至0.01 mm/min。相对标准偏差RSD由式（2）进行计算，精确至0.01%。

$$\bar{d} = \sum_{i=1}^{3} d_i / 3 \quad\text{……………………………………（1）}$$

$$RSD = \left\{ \left[\sum_{i=1}^{n} (d_i - \bar{d})^2 / 2 \right]^{1/2} / \bar{d} \right\} \times 100\% \quad\text{………………………（2）}$$

式中：

$\bar{d}$ ——测定结果的算术平均值；

d_i ——单次测定结果。

8 检测报告

检测报告应包括但不限于以下内容：

——本方法的编号；

——样品产地、年份、品种、等级及说明；

——测定时间、所用仪器和型号；

——测试时样品的水分及环境温湿度等条件；

——测定结果的平均值、最大值、最小值、偏差和相对标准偏差等。

十三、烟叶样品　热水可溶物的测定

1　范围

本文件界定了烟叶热水可溶物的定义，描述了烟叶样品热水可溶物的测定方法。

本文件适用于烟叶样品。

2　规范性引用文件

下列文件中的内容通过文中的规范性引用而构成本文件必不可少的条款。其中，注日期的引用文件，仅该日期对应的版本适用于本文件；不注日期的引用文件，其最新版本（包括所有的修改单）适用于本文件。

Q/YNZY(YY).J07.002—2022　烟叶样品　调节和测试的大气环境

Q/YNZY(YY).J07.202—2022　烟叶样品　平衡含水率的测定　烘箱法

3　术语和定义

下列术语和定义适用于本文件。

3.1

热水可溶物　hot-water soluble substances

烟叶样品中热水可溶性提取物绝干质量占烟叶样品绝干质量的比值。

注：热水可溶物是衡量烟草原料内在品质的一项重要指标，与烟叶的自然生长及成熟度、内在化学成分含量等密切相关。

3.2

绝干物质　oven-dry weight

在（100.0±1.0）℃条件下，试样烘干至恒重时的质量。

4　原理

选取一定量的烟叶样品，使用热水可溶物提取器快速提取其热水可溶性物质，根据样品的绝干质量和不可溶物的绝干质量推算出热水可溶物的含量。

5 仪器设备

5.1 热水可溶物提取器：冲水压力为8 bar[1]~10 bar。

5.2 分析天平：精度为1/1000，分度值为$d=0.001$ g。

5.3 切丝机：切丝宽度为0.80 mm ± 0.05 mm。

5.4 精密烘箱：控温范围为20.0 ℃ ~ 250.0 ℃，温控误差 ± 1.0 ℃。

5.5 样品盒：铝制圆形水分检测盒。

5.6 试验筛：40目（孔径为0.425 mm）。

6 检测方法

6.1 样品平衡

选取具有代表性的烟叶样品，按照Q/YNZY(YY).J07.002—2022《烟叶样品 调节和测试的大气环境》中大气环境Ⅱ的要求，在相对湿度（60.0 ± 3.0）%、温度（22.0 ± 1.0）℃条件下平衡48 h。

6.2 样品制备

随机抽取10片平衡后的烟叶样品（基准烟叶样品不应少于5片），用切丝机将烟叶样品切成0.80mm ± 0.05 mm的烟丝，过40目的试验筛，将筛好的烟丝混匀，按照四分法称取2.0 g已备好的烟丝样品，精确至0.001 g。

6.3 样品水分测定

根据Q/YNZY(YY).J07.202—2022《烟叶样品 平衡含水率的测定 烘箱法》进行检测，取一份6.2中的样品，放入已知干燥质量的样品盒内，去盖后在温度（100.0 ± 1.0）℃下烘干2 h（自温度升至100℃时算起，烘2 h），加盖，取出，放入干燥器内，冷却至室温，再称重，计算试样水分的质量分数（w）。

6.4 热水可溶物测定

测试环境条件：相对湿度（60.0 ± 3.0）%、温度（22.0 ± 1.0）℃。

a）称取2 g已备好的烟丝样品（M_1），M_1精确至0.001 g。

b）将样品经热水可溶物提取器过滤，用5×500 mL热水按照每次100 mL的冲水量进行冲洗，其中热水提取出该样品中的可溶物，如咖啡样流出，提取器中剩余

---

[1] 1 bar=10⁵Pa

的为不可溶物。

c）将热水可溶物提取器中剩余的不可溶物置于样品盒中干燥至恒重（100.0℃±1.0℃下烘干2 h），并称量，记为M_2。

7 结果表示

热水可溶物含量按式（1）计算得出：

$$E=\frac{M_1\times(1-w)-(M_2-M_0)}{M_1\times(1-w)}\times100\% \quad\cdots\cdots\cdots\cdots\cdots\cdots\cdots（1）$$

式中：

E ——样品中热水可溶物含量，%；

M_1——提取前样品质量，单位为克（g）；

w ——样品水分的质量分数，%；

M_2——提取后样品盒和样品烘干后质量，单位为克（g）；

M_0——样品盒的干燥质量，单位为克（g）。

烟叶样品的热水可溶物含量以3次测定的平均值表示，按式（2）进行计算，精确至0.01%。相对标准偏差RSD由式（3）进行计算，精确至0.01%。

$$\bar{d}=\sum_{i=1}^{3}d_i/3 \quad\cdots\cdots\cdots\cdots\cdots\cdots\cdots\cdots\cdots\cdots\cdots（2）$$

$$RSD=\left\{\left[\sum_{i=1}^{n}(d_i-\bar{d})^2/2\right]^{1/2}/\bar{d}\right\}\times100\% \quad\cdots\cdots\cdots\cdots\cdots（3）$$

式中：

$\bar{d}$ ——测定结果的算术平均值；

d_i ——单次测定结果。

8 检测报告

检测报告应包括但不限于以下内容：

——本方法的编号；

——样品产地、年份、品种、等级及说明；

——测定时间；

——测试样品的水分及环境温湿度等条件；

——测定结果。

第三节　常规化学成分检测方法

一、常规化学成分

烟叶中各种化学成分的含量反映了烟叶的质量状态，是影响烟叶内在质量的物质基础。烟草加工企业追求的是化学成分含量合理并且协调的烟叶原料。研究资料表明，烟叶主要化学成分与评吸质量、外观质量、物理特性及安全性等方面有着密切联系，烟叶中主要化学成分的含量和比值确定了烟叶及其制品的烟气特征，进而决定了烟叶的工业使用价值，即工业可用性。因此，主要化学成分含量状况在烟叶品质鉴定中有着重要的指导作用，已成为卷烟工业企业衡量烟叶原料质量的重要考核对象之一。烟叶中主要化学成分包括总糖、还原糖、总氮、总植物碱（一般用烟碱含量表示）、氯、钾等，其中总糖、还原糖、总植物碱、总氮等的含量与吸味有关，氯和钾的含量与烟叶的燃烧性直接相关，还有一些二级成分的含量如还原糖/烟碱（"糖碱比"）是影响吸味协调性的指标。以上化学成分已成为烟草行业日常的检测指标，一般称作"烟叶常规化学成分"。

1. 糖类

在新鲜烟叶中，糖类是碳架提供者、能量提供者、骨架物质；在调制后的干烟叶中，不同糖类的含量与烟叶外观质量、内在质量和物理特性有着密切的关系。糖类占干物质总量的25%~50%。烟草中的糖类是形成烟叶香气物质的重要前体物，300℃左右时可单独热解形成各种香气物质，也可与氨基酸经美拉德反应形成多种香气物质。烟叶中含有的水溶性糖是影响烟气醇和性的主要因素，烤烟中水溶性总糖含量一般在 15%~35%。水溶性糖类含量高的烟叶光泽鲜明，油润富有弹性，外观质量和物理特性都较好，在燃吸过程中进行酸性反应，能适度调节烟气酸碱平衡，使吃味醇和；其反应产物及其衍生物大多具有优美的香气，增加香气浓度。在一定范围内，糖含量高则烟叶品质好，但糖含量也不能太高，否则会影响吸食安全性，因为糖含量高，烟气中焦油含量也高，增加烟气对人体的危害。

还原糖是指分子结构中含有缩醛羟基的具有还原性的单糖或低聚糖，主要包括葡萄糖、果糖、麦芽糖，对烟气的香气和吃味都有良好的作用，并能减少烟气的刺激性，因此是决定烟叶品质的重要化学成分，烤烟中还原糖含量一般在5.0%~25.0%范围内。

2. 总氮

烟草中含氮化合物有蛋白质、游离氨基酸、生物碱、叶绿素、硝酸盐和其他含氮杂环化合物等。含氮化合物不仅影响烟叶特性，决定经济产量，还对烟草的评吸质量和吸烟者的健康有重要影响。在烟叶的含氮化合物中，蛋白质和烟碱的主要作用是影响生理强度，烟碱提供劲头和增加烟味，其含量过高会产生刺激性；而蛋白质可以增加烟气的劲头和苦味。氨基酸是烟叶香气前体物，同时也是美拉德反应前体物，对烟草香味有重要贡献，总氨基酸含量提高有助于增加香气和得到适宜的劲头，但是含量过高会使香气质变差，刺激性增强，杂气加重。

总体上，烟叶总氮含量的适宜范围一般为2.0%~2.5%，蛋白质含量不宜超过10%。一般而言，总氮含量低，吃味平淡，总氮含量的增加有助于增加香气量、浓度、劲头，但香气质变差，刺激性增强，杂气加重，当总氮含量超过2.5%时香气量分值基本不再增加。烤烟总氮、蛋白质含量与主要挥发性香气物质含量之间存在一定的内在联系，总氮与蛋白质含量并不是越高越好，在追求烤烟高香气的同时，还应注意平衡含氮类物质的含量，以满足卷烟工业的使用要求。

3. 总植物碱

烟草总植物碱（生物碱）是一类特殊的含氮化合物，从结构、性质和对烟质的影响等方面均与其他含氮化合物不同。其中烟碱，俗称尼古丁，占烟草总植物碱总量的95%以上，是烤烟中的主要化学成分之一。人们在吸食烟叶过程中，烟碱通过血液进入脑细胞，进而产生生理反应，因此被认为是烟叶中主要的生理活性成分。其含量高低不仅决定了烟叶的生理强度，还是烟草制品中产生致瘾性的主要成分。烟草中的烟碱对烟叶外观质量、内在品质均有一定程度的影响，烟碱对烟叶色泽方面的影响主要表现在产生由烟碱向去甲基烟碱转化突变的烟株，烟叶调制后易呈红棕色；在香味物质方面，烟碱本身具有烟草特殊香味，还可以高温分解成吡啶类香气成分；在吃味方面，适量的烟碱会给吸食者以适当的生理强度和好的香气与吃味，若烟碱含量过低则劲头小，淡而无味，若烟碱含量高则劲头大，刺激性增强，产生辛辣感。烟碱的含量还要与其他类型化合物保持平衡协调比例，才能产生好的综合质量，特别是水溶性总糖与烟碱的比例常用来评价烟质的劲头和舒适程度，烤烟烟碱含量适宜范围一般为1.5%~3.5%。

4. 氯、钾

氯在烟草矿物质元素中属于微量元素，烟草植株内氯的含量根据土壤性质、地域特性、施肥种类、栽培方法等的不同有相当大的变动。烟草植株是忌氯作物，含氯量过高会对烟叶品质有明显影响，导致烟叶吸湿性大，燃烧性差，易熄火，因此烟叶含氯量要求小于1%（一般在0.4%~0.6%为宜）；但含氯量过低也会导致烟叶干燥粗糙，易破碎，切丝率低。氯在促进、参与光合作用，增加作物抗病、抗旱能力等方面具有重要作用，是影响烟叶品质的因素之一。此外，氯含量对烟草感官质量也具有一定的影响，总氯与劲头、浓度呈显著或极显著正相关，与余味、杂气、灰色、总分呈显著或极显著负相关。氯含量过高时，烟叶的劲头、浓度较大，杂气变大，余味变差，燃烧性、灰色变差，整体感官质量变差。

钾离子在烤烟中是含量最丰富的阳离子，钾含量的高低对烟叶品质有很大的影响，主要表现在提高烟叶的燃烧性和吸湿性，改善烟叶的颜色和身份，增进烟叶香气和吃味，其含量是决定烟叶品质好坏的一个关键因素。一般认为，优质烟叶的钾含量在2%以上（好的烤烟在3%~4%），所以钾被称为烟草的"品质元素"。研究表明，烟草中总钾与杂气、燃烧性、灰色、总分呈显著或极显著正相关，总钾含量高时，烟叶杂气和刺激较小，燃烧性较好，烟灰颜色较白，整体香气质较好、香气量充足。钾氯比是表征烟叶燃烧性的简单又可靠的指标，其比值＞1时，烟叶不熄火，比值＞2时，燃烧性好。此外，钾氯比还与劲头、浓度分别呈极显著和显著负相关，与香气质、余味、杂气、燃烧性、灰色、总分呈显著或极显著正相关。

化学成分是形成烟叶风格及品质的物质基础，对烟叶工业可用性有很大影响。感官品质是烟叶质量评价的主要手段和重要依据，是内在化学成分及协调性的感官体现。由潘义宏等结合常规化学成分主成分分析以及与感官质量的典型相关分析可知，减少烟叶总植物碱的含量、增加总糖含量能在一定程度上达到增加烟气香气量、浓度以及改善余味的目的；增加烟叶钾离子含量和钾氯比能在一定程度上达到提高烟叶香气质、减小烟气刺激的目的。因此，在烟叶质量的评定中，我国提出了优质烟的化学成分指标，通过烟叶内在化学成分的含量及其协调性来判断烟叶质量的高低，使烟叶的质量评定更加具有科学性和准确性。

二、常规化学成分检测标准

目前，烟草及烟草制品中常规化学成分的检测方法较为成熟，行业一般采用以下标准：

（1）YC/T 159—2019 《烟草及烟草制品　水溶性糖的测定　连续流动法》；

（2）YC/T 161—2002 《烟草及烟草制品　总氮的测定　连续流动法》；

（3）YC/T 468—2021 《烟草及烟草制品　总植物碱的测定　连续流动（硫氰酸钾）法》；

（4）YC/T 217—2007 《烟草及烟草制品　钾的测定　连续流动法》；

（5）YC/T 162—2011 《烟草及烟草制品　氯的测定　连续流动法》。

第三章
烟叶样品评价方法

第一节 概述

烟叶样品评价方法主要包括外观质量评价方法和内在感官质量评价方法两个方面。

烟叶外观质量是指用感觉器官可以感触和识别的烟叶外部特征，即眼看、手摸、鼻闻等。目前，烟叶等级质量的判定绝大多数仍是以感官和经验判定为主。烟叶的外观特征与烟叶物理特性和内在质量关系密切，一般认为具有成熟度高、组织结构疏松、身份适中、颜色橘黄、油分足、色度浓等外观特征的为优质烟叶。

烟叶内在感官质量是指人通过感官对烟叶样品燃烧所产生烟气特性的评定，即评吸鉴别，主要依靠专业评吸人员的抽吸。目前，在卷烟产品评价的内在感官质量评价方法中采用了香气质、香气量、杂气、余味和刺激性5项指标，在烟叶样品中，一般按照单料烟"九分制"标度值评吸方法。

第二节 外观质量评价方法标准

1 范围

本文件描述了烤烟烟叶样品外观质量的评价方法，包括定性评价和定量评价两个部分。

本文件适用于烤烟烟叶样品。

2 规范性引用文件

下列文件中的内容通过文中的规范性引用而构成本文件必不可少的条款。其中，注日期的引用文件，仅该日期对应的版本适用于本文件；不注日期的引用文件，其最新版本（包括所有的修改单）适用于本文件。

GB 2635—1992　烤烟

Q/YNZY(YY).J07.002—2022　烟叶样品　调节和测试的大气环境

3 术语、定义和代号

3.1 术语和定义

GB 2635—1992界定的术语和定义适用于本文件。

3.2 代号

3.2.1 颜色代号

颜色用下列代号表示：L—柠檬黄色、F—橘黄色、R—红棕色。

3.2.2 分组代号

分组用以下代号表示：X—下部（lower leaf），C—中部（cutter），B—上部（upper leaf），H—完熟（mellow leaf），CX—中下部（cutter and lower leaf），S—光滑（slick），K—杂色（variegated），V—微带青（greenish），GY—青黄色（green-yellow）。

4 外观质量评价内容

烤烟烟叶外观质量评价内容主要包括的品质因素：颜色、成熟度、油分、叶片结构、身份、色度（基本赋值表见附录A）。

5 外观质量评价方法

5.1 定性评价

按照GB 2635—1992《烤烟》，并根据品质因素的各档次进行定性评价。

5.2 定量评价

参照GB 2635—1992《烤烟》和郑州烟草研究院编写的《中国烟草种植区划》中的烟叶外观质量评分标准，从颜色、成熟度、油分、叶片结构、身份和色度6项外观各品质因素进行定性和定量评价。各品质因素均按10分制打分，分值越高，代表烟叶样品该项的品质越好。

6 外观质量评价流程

6.1 样品平衡

选取具有代表性的烟叶样品，按照Q/YNZY(YY).J07.002—2022《烟叶样品 调节和测试的大气环境》中大气环境Ⅰ的要求，在相对湿度（70.0±3.0）%、温度（22.0±1.0）℃条件下平衡48 h。

6.2 评价要求

a）由本单位具有烟叶外观质量评价资质的专业人员3人以上（含3人）或持有烟叶评级员高级技师资格证书的专家1人以上（含1人）进行烟叶样品的外观质量评价。

b）外观质量评价需在标准灯光下进行，标准光源的条件为：色温为5500 K~5600 K；工作台照度为2000 lx±200 lx；显色指数为Ra＞92.0。

c）外观质量评价需在标准工作台上进行，工作台台面颜色值为N7.3，台面应具有漫反射特性，且工作台台面高度为离地面850mm~1050mm，此为一般情况下工作人员站立、手臂自然下垂时，手腕距离地面的高度。

d）环境温湿度条件要求：按照Q/YNZY(YY).J07.002—2022《烟叶样品 调节和测试的大气环境》中测试大气Ⅰ的要求，在相对湿度（70.0±5.0）%、温度（22.0±2.0）℃条件下进行外观质量的评价。

6.3 外观质量评价

按照5.1和5.2的方法，由烟叶评级专家对烤烟烟叶样品逐一进行定性评价和定量评价，评价表参见附录B。

7 结果表示

定量评价结果以打分结果的算术平均值表示，按式（1）进行计算。

$$\bar{d} = \sum_{i=1}^{n} d_i / n \quad\text{·······················}（1）$$

式中：

$\bar{d}$ ——定量评价结果的算术平均值，精确至0.1；

d_i ——单次定量评价结果；

n ——代表参与外观质量评价的人数，单位为个。

最终，根据定性评价与定量评价结果，综合表征该烟叶样品的外观质量。

8 评价报告

检测报告应包括但不限于以下内容：

——本方法的编号；

——样品年份、产地、品种、等级及说明；

——测定时间；

——测试时环境温湿度等条件；

——烟叶外观质量评价结果。

附 录 A

（资料性）

烤烟外观品质基本赋值表

烤烟外观品质（颜色、成熟度、油分、叶片结构、身份、色度）基本赋值得分见表A.1所示。

表A.1 烤烟外观品质基本赋值表

分析项目	程度	分值
颜色	橘黄	7~10
	柠檬黄	6~9
	红棕	3~7
	微带青	3~6
	青黄	1~4
	杂色	0~3
成熟度	成熟	7~10
	完熟	6~9
	尚熟	4~7
	欠熟	0~4
	假熟	3~5
油分	多	8~10
	有	5~8
	稍有	3~5
	少	0~3
叶片结构	疏松	8~10
	尚疏松	5~8
	稍密	3~5
	紧密	0~3
身份	中等	7~10
	稍薄（厚）	4~7
	薄（厚）	0~4
色度	浓	8~10
	强	6~8
	中	4~6
	弱	2~4
	淡	0~2

附 录 B

（资料性）

烤烟烟叶样品外观质量评价表

烤烟烟叶样品外观质量评价表见表B.1。

表B.1 烤烟烟叶样品外观质量评价表

年份：_____ 产地：_____ 品种：_____

指标		分值标准	等级	指标		分值标准	等级	指标		分值标准	等级
颜色	柠檬黄	6~9		颜色	橘黄	7~10		颜色	橘黄	7~10	
	橘黄	7~10			柠檬黄	6~9			柠檬黄	6~9	
	红棕	3~7			红棕	3~7			红棕	3~7	
	微带青	3~6			微带青	3~6			微带青	3~6	
	青黄	1~4			青黄	1~4			青黄	1~4	
	杂色	0~3			杂色	0~3			杂色	0~3	
成熟度	完熟	6~9		成熟度	完熟	6~9		成熟度	完熟	6~9	
	成熟	7~10			成熟	7~10			成熟	7~10	
	尚熟	4~7			尚熟	4~7			尚熟	4~7	
	欠熟	0~4			欠熟	0~4			欠熟	0~4	
	假熟	3~5			假熟	3~5			假熟	3~5	
油分	多	8~10		油分	多	8~10		油分	多	8~10	
	有	5~8			有	5~8			有	5~8	
	稍有	3~5			稍有	3~5			稍有	3~5	
	少	0~3			少	0~3			少	0~3	
叶片结构	疏松	8~10		叶片结构	疏松	8~10		叶片结构	疏松	8~10	
	尚疏松	5~8			尚疏松	5~8			尚疏松	5~8	
	稍密	3~5			稍密	3~5			稍密	3~5	
	紧密	0~3			紧密	0~3			紧密	0~3	
身份	中等	7~10		身份	中等	7~10		身份	中等	7~10	
	稍薄	4~7			稍薄	4~7			稍薄	4~7	
	稍厚	4~7			稍厚	4~7			稍厚	4~7	
	薄	0~4			薄	0~4			薄	0~4	
	厚	0~4			厚	0~4			厚	0~4	
色度	浓	8~10		色度	浓	8~10		色度	浓	8~10	
	强	6~8			强	6~8			强	6~8	
	中	4~6			中	4~6			中	4~6	
	弱	2~4			弱	2~4			弱	2~4	
	淡	0~2			淡	0~2			淡	0~2	
综合得分				综合得分				综合得分			
详细外观描述				详细外观描述				详细外观描述			

注：各项目均以0.5分为最小计单位。

外观质量评价组长签字：_____ 评价组成员签字：_____ 温度：__℃ 相对湿度：__%，日期：_____

第三节 内在感官质量评价方法标准

1 范围

本文件规定了烟叶样品内在感官质量评价相关的术语和定义、评分标准和要求。

本文件适应于烟叶样品。

2 规范性引用文件

下列文件中的内容通过文中的规范性引用而构成本文件必不可少的条款。其中，注日期的引用文件，仅该日期对应的版本适用于本文件；不注日期的引用文件，其最新版本（包括所有的修改单）适用于本文件。

Q/YNZY(YY).J07.002—2022　烟叶样品　调节和测试的大气环境

3 术语和定义

下列术语和定义适用于本文件。

3.1

香型　flavor

烟叶样品的整体香气或香味类型和格调。

注：烤烟香型通常按中国烤烟传统三大香型（清香型、中间香型、浓香型）进行定性判定，亦可按中国烤烟烟叶香型风格区划研究中的八种香型进行分类。

3.2

清香型　fresh-sweetness type

在烤烟本香（干草香）的基础上，具有以清甜香、青滋香、木香等为主体香韵的烤烟香气特征，清甜香韵突出，香气清雅而飘逸。

3.3

中间香型　pure-sweetness type

在烤烟本香（干草香）的基础上，具有以蜜甜香（正甜香）、木香、辛香等为主体香韵的烤烟香气特征，蜜甜香（正甜香）韵突出，香气丰富而悬浮。

3.4

浓香型 burnt-sweetness type

在烤烟本香（干草香）的基础上，具有以焦甜香、木香、焦香等为主体香韵的烤烟香气特征，焦甜香韵突出，香气浓郁而沉溢。

3.5

香气 aroma

烟叶经过燃烧产生的烟气本身所固有的烟草特有芳香。

3.6

香气质 quality of aroma

香气的优劣程度和风味特点。

3.7

香气量 volume of aroma

香气的多少或浓淡（饱满）程度。

3.8

充足 richness

香气量多而又无所欠缺，但不是饱满的。

3.9

烟气浓度 smoke concentration

口腔对烟气量的感受程度。

3.10

刺激性 irritancy

烟气对感官上所造成的轻微和明显的不适感受。

注：如对鼻腔、口腔、喉部的冲刺，毛棘火燎。

3.11

劲头 strength

烟气通过喉部时对喉部的冲击强度。

注：劲头是烟气生理强度的重要指标。

3.12

杂气 offensive taste

不具有卷烟本质气味，表现出轻微的和明显的不良气息。

注：如青草气、生杂气、木质气、枯焦气、松脂气、花粉气、土腥气、地方性杂气及呛人的气息等。

3.13

余味 after taste

烟气从口腔、鼻腔呼出后，遗留下来的味觉感受。

注：包括舒适程度、干净程度和干燥感。

3.14

纯净 purity and cleanness

烟气呼出后舌面和口腔无残留，没有滞舌、涩口或涂层等感受。

3.15

干净 cleanness

口腔内各部位无残留。

3.16

异味 off-odor

不具有卷烟本质气味的明显的怪味（外加香例外），致使烟叶失去吸用价值。

3.17

燃烧性 combustion performance

烟叶或烟支点燃后，在自由状态下无火焰燃烧的性能。

4 内在感官质量评价方法

4.1 定量评价

参考中国烟草行业烤烟单料烟"九分制"标度值评吸方法，对烟叶样品进行内在感官质量的定量评价，定量评分标准由表1给出。

表1 烟叶样品内在感官质量评分标准

标度值	香气质	香气量	浓度	刺激性	杂气	劲头	余味	燃烧性	灰色	使用价值	总分
9	很好	充足	很浓	很小	很轻	适中	很好	很好		很好	
8	好	足	浓	小	轻	适中、偏大或偏小	好	好	白	好	
7	较好	较足	较浓	较小	较轻		较好	较好		较好	
6	稍好	尚足	稍浓	稍小	尚轻	稍大或稍小	稍好	稍好	灰白	稍好	
5	中	中	中	中	中		中	中		中	
4	稍差	稍有	稍淡	稍大	稍重		稍差	稍差		稍差	
3	较差	较淡	较淡	较大	较重	很大或很小	较差	较差		较差	
2	差	平淡	淡	大	重		差	差	黑	差	
1	很差	很平淡	很淡	很大	很重		很差	很差		很差	

注：各项目均以0.5分为最小计分单位，劲头分值如有劲头偏大或偏小的情况，以其右上角"+""−"分别标识。

4.2 定性描述

参照GB/T 5606.4—2005《卷烟 第4部分：感官技术要求》和YC/T 138—1998《烟草及烟草制品 感官评价方法》中术语的要求对烟叶样品的综合评吸感受进行定性描述。

5 内在感官质量评价流程

5.1 样品平衡

选取具有代表性的烟叶样品，按照Q/YNZY(YY).J07.002—2022《烟叶样品 调节和测试的大气环境》中大气环境Ⅱ的要求，在相对湿度（60.0±3.0）%、温度（22.0±1.0）℃条件下平衡48 h。

5.2 样品制备

随机抽取10片平衡后的烟叶样品（基准烟叶样品不应少于5片），用切丝机将烟叶样品切成0.80 mm±0.05 mm的烟丝，将烟丝混合均匀，制备评吸样品。

5.3 评价要求

a）由持有本单位感官质量评吸证书的专业评吸人员5人以上（含5人）或持有国家烟草专卖局颁发的感官质量评吸证书的专家1人以上（含1人）进行烟叶样品的内在感官质量评价。评吸时，评吸人员应身体状况良好，在评吸过程中需控制口腔和环境残留的烟味。

b）内在感官质量评价按照暗评记分的方法（原始评价记录表如表2所示），在对香气质、香气量、浓度、刺激性、杂气、劲头、余味、燃烧性、灰色、使用价值10个项目评吸记分时，每个项目达到相应评分标准要求（见表1），则在相应项目中记分。

c）内在感官质量评判记分采用九分制，最高得到为90分，各项目均以0.5分为记分单位。

5.4 内在感官质量评价

样品评价环境为相对湿度（60.0±5.0）%、温度（22.0±2.0）℃，按照4.1和4.2的方法对烟叶样品进行定量评价和定性描述，并填写评价记录表（见表2）。

表2 烟叶样品内在感官质量评价原始记录表

编号	样品信息	香型	香气质	香气量	浓度	刺激性	杂气	劲头	余味	燃烧性	灰色	使用价值	总分	备注
	定性描述:													
	定性描述:													
	定性描述:													
	定性描述:													
	定性描述:													

评价员:

评价日期:

注:香型不打分,按照香气风格类型填写,如清香型、中间香型和浓香型。

6 结果表示

定量评价结果以打分结果的算术平均值表示,按式(1)进行计算,精确至0.1。

$$\overline{X}_t = \frac{\sum\limits_{i=1}^{n} X_i}{N} \quad\cdots\cdots\cdots\cdots\cdots\cdots\cdots\cdots\cdots\cdots (1)$$

式中:

$\overline{X}_t$ ——某单项平均得分;

$\sum\limits_{i=1}^{n} X_i$ ——某单项得分加和;

N ——参加评分的人数。

内在感官质量得分以各单项平均得分之和表示,精确至0.1。

7 评价报告

评价报告应包括但不限于以下内容:

——本方法的编号;

——评吸时间;

——样品产地、年份、品种、等级及说明;

——评吸时样品的水分及环境温湿度等条件;

——烟叶样品内在感官质量定性描述与定量得分。

第四章

烟叶样品
主要检测方法验证

第一节 概述

为制订烟叶样品主要物理特性指标检测方法并验证其科学性、可靠性和准确性，本章对主要物理特性指标检测方法、检测工作条件进行了研究及验证。

本章主要介绍了各类烟叶样品的检测方法验证，包括平衡含水率及水分的测定、颜色值的测定、长度的测定、宽度与开片度的测定、叶尖夹角的测定、单叶质量的测定、厚度的测定、定量与叶面密度与松厚度的测定、含梗率的测定、拉力及抗张强度的测定、烟丝填充值的测定、卷烟自由燃烧速度的测定、热水可溶物的测定及相关试验报告。

检测方法研究及验证的思路主要包含以下四个部分：（一）准备工作：选取样品、样品制备（样品平衡及前处理）、仪器设置，环境条件设置等；（二）试验设计：主要是进行检测工作条件的研究，也就是影响试验结果的关键因素分析，比如烟叶样品平衡含水率及水分的测定（烘箱法）试验中，主要研究了烘箱温度、样品质量、干燥时间对水分测定的影响；（三）结果分析：采用数据统计方法，根据试验设计结果分析，得出最佳检测工作条件；（四）方法验证：根据以上研究得出的检测工作条件，选取上、中、下不同部位的烟叶样品，按照以上工作条件，检测分析得出结论。

各类检测方法验证中主要包含实验目的、实验方法、实验材料、实验仪器、环境条件、方法研究及验证6个部分，其中方法研究及验证环节主要包括样品制备、检测工作条件研究、检测方法验证和结论4个部分。

采用本章所介绍的检测工作条件，测定结果的科学性强、准确度高、平行性好。

第二节 检测方法验证——平衡含水率及水分的测定

一、《烟叶样品 平衡含水率的测定 烘箱法》实验验证

（一）【实验目的】确定《烟叶样品 平衡含水率的测定 烘箱法》中的检测方法并验证其科学性、可靠性和准确性。

（二）【实验方法】Q/YNZY(YY).J07.202—2022《烟叶样品 平衡含水率的测定 烘箱法》。

（三）【实验材料】烤烟烟叶样品。产地：云南曲靖；年份：2019年；品种：云烟87；等级：B2F、C3F、X2F。

（四）【实验仪器】精密烘箱（Memmert D24102，控温范围：20.0℃~250.0℃，温控误差：±1.0℃）、电子天平（梅特勒 ME303，分度值：d=0.001 g）、切丝机（众杰 QS-5AD，切丝宽度：0.80 mm±0.05 mm）、样品盒（铝制圆形水分检测盒，直径4.0 cm~6.5 cm）、硅胶干燥器（玻璃真空，内径40 cm）。

（五）【环境条件】调节大气环境Ⅱ：相对湿度（60.0±3.0）%、温度（22.0±1.0）℃。

（六）【方法研究及验证】

1. 样品制备

选取具有代表性的烟叶样品，每片烟叶沿主脉分别剪成两个半叶，任取其中一个半叶，切成宽度为0.80 mm±0.05 mm的烟丝，按Q/YNZY(YY).J07.002—2022中调节大气环境Ⅱ[相对湿度：（60.0±3.0）%，温度：（22.0±1.0）℃]的要求平衡48 h。

注：烟叶样品平衡含水率测定时对样品事先进行水分平衡，而烟叶样品原始水分的测定不需此步骤。

2. 检测工作条件研究

（1）试验设计

制订《烟叶样品 平衡含水率的测定 烘箱法》检测方法的主要工作条件，需重点研究样品质量、干燥温度、干燥时间三个因素对烟叶样品水分测定结果的影响，因而，设计了三因素三水平试验（见表4-1）和恒重试验（烟叶样品等级为C3F）来进行检验。其中，恒重试验选取2.0 g的烟丝样品，分别在95.0℃、100.0℃、105.0℃干燥温度条件下，将样品烘干至恒重（当两次连续称量的质量差不超过样品初始质量即湿重的0.1%时，即可判定该样品烘干已达到恒重），每个干燥温度设置两个平行试验。

表4-1 正交试验设计表——烟叶样品平衡含水率的测定

试验号	因素		
	A 样品质量/g	B 干燥温度/℃	C 干燥时间/h
1	2.0	95.0	1.5
2	3.5	100.0	2.0
3	5.0	105.0	2.5

（2）试验结果

根据正交试验设计，三因素三水平试验共9组，分别测试得出烟叶样品水分的含量，结果见表4-2所示，表4-3为不同烘箱温度下恒重试验结果，每个温度设两个平行试验。

表4-2 正交试验结果——烟叶样品平衡含水率的测定

试验号	因素			
	A 样品质量/g	B 干燥温度/℃	C 干燥时间/h	水分测试结果/%
1	2.0	95.0	1.5	12.80
2	2.0	100.0	2.0	13.55
3	2.0	105.0	2.5	14.75
4	3.5	95.0	2.0	12.94
5	3.5	100.0	2.5	13.66
6	3.5	105.0	1.5	13.94
7	5.0	95.0	2.5	12.86
8	5.0	100.0	1.5	13.10
9	5.0	105.0	2.0	14.28

表4-3 恒重试验结果——烟叶样品平衡含水率的测定

试验号	因素	
	干燥温度/℃	恒重水分/%
1-1	95.0	13.30
1-2	95.0	13.15
2-1	100.0	13.60
2-2	100.0	13.55
3-1	105.0	13.85
3-2	105.0	13.80

（3）结果分析

正交试验的极差分析结果见表4-4所示。根据以上正交试验的极差结果分析可知，所选定的三个因素对本试验结果的影响程度从大到小依次：B（干燥温度）、C（干燥时间）、A（样品质量），即干燥温度对试验结果的影响最大。

表4-4　正交试验极差结果——烟叶样品平衡含水率的测定

项目	因素		
	A 样品质量/g	B 干燥温度/℃	C 干燥时间/h
$K1$	41.100	38.600	39.840
$K2$	40.540	40.310	40.770
$K3$	40.240	42.970	41.270
$k1=（K1/3）$	13.700	12.867	13.280
$k2=（K2/3）$	13.513	13.437	13.590
$k3=（K3/3）$	13.413	14.323	13.757
极差R	0.287	1.457	0.477

此外，由表4-2、表4-3测定结果可以看到，当样品质量固定为2.0 g时，在105℃干燥温度下，恒重试验所测得的测试结果与正交试验3号试验测得的结果差异较大，且在105℃条件下，其平衡含水率的测定结果均偏高，此温度下可能存在其他成分随水分一起蒸发的现象，因而样品的水分检测结果稳定性较差；在95℃干燥温度下，正交实验平衡含水率检测结果相比恒重试验的偏小，表明在95℃正交试验条件下，样品水分可能未完全烘干；而100℃干燥温度下，正交实验与恒重试验的平衡含水率测定结果均较为接近，且2号和5号试验均满足与恒重试验结果的误差要求（平行测定结果绝对值之差≤0.1%），考虑2号试验条件更有利于减少检测时间，因而选择2号试验条件作为平衡含水率的测试条件。

综上，烟叶样品的水分测定宜选择烘箱温度100℃、样品质量2.0 g、干燥时间2 h的工作条件。

3.检测方法验证

（1）平衡含水率的测定

采用以上确定的检测工作条件，选取下、中、上三个部位的烟叶样品分别进行平衡含水率的测定，每组试验设3个平行样，试验前，先将切成烟丝的烟叶样品按照四分法混匀，然后称取2.0 g烟丝样品，精确至0.001。平衡含水率的测定结果如表4-5所示。

表4-5 烟叶样品平衡含水率的测定值

试验号	试验样品		
	X2F	C3F	B2F
1	13.81%	13.76%	13.01%
2	13.85%	13.57%	12.95%
3	13.83%	13.66%	12.98%

（2）结果分析

表4-6是烟叶样品平衡含水量测定结果的统计分析，通过平行试验，对平衡含水率测定结果的最小值、最大值、均值、标准偏差SD、相对标准偏差RSD进行分析，结果表明，试验样品的RSD均小于1%，说明本方法检测的结果稳定，平行性好。

表4-6 烟叶样品平衡含水率测定结果的统计分析

试验样品	项目					
	观察值个数	最小值	最大值	均值	SD	RSD
X2F	1	13.81%	13.85%	13.83%	0.0002	0.12%
C3F	2	13.57%	13.76%	13.66%	0.0010	0.70%
B2F	3	12.95%	13.01%	12.98%	0.0003	0.25%

4. 结论

（1）正交试验结果分析显示，烟叶样品的水分测定宜选择烘箱温度100℃、样品质量2.0 g、干燥时间2 h的检测工作条件。

（2）烟叶样品平衡含水率测定结果分析显示，采用本方法中的检测工作条件，测定结果的科学性强、准确度高、平行性好。

二、《烟叶样品 平衡含水率的测定 快速水分检测法》实验验证

（一）【实验目的】制订《烟叶样品 平衡含水率的测定 快速水分检测法》检测方法并验证其科学性、可靠性和准确性。

（二）【实验方法】Q/YNZY(YY).J07.203—2022《烟叶样品 平衡含水率的测定 快速水分检测法》。

（三）【实验材料】烤烟烟叶样品。产地：云南曲靖；年份：2019年；品种：云烟87；等级：X1F、C3F、B2F。

（四）【实验仪器】快速水分检测仪（梅特勒HE83）、电子天平（梅特勒 ME303，分度值：d=0.001 g）、精密烘箱（Memmert D24102，控温范围：20.0℃~250.0℃，温控误差：±1.0℃）、切丝机（众杰QS-5AD，切丝宽度：0.80 mm ± 0.05 mm）。

（五）【环境条件】调节大气环境Ⅱ：相对湿度（60.0±3.0）%、温度（22.0±1.0）℃。

（六）【方法研究及验证】

1. 样品制备

选取具有代表性的烟叶样品，每片烟叶沿主脉分别剪成两个半叶，任取其中一个半叶，切成宽度为0.80 mm±0.05 mm的烟丝，按Q/YNZY(YY).J07.002—2022中调节大气环境Ⅱ[相对湿度：（60.0±3.0）%，温度：（22.0±1.0）℃]的要求平衡48 h。

注：烟叶样品平衡含水率测定时对样品事先进行水分平衡，而烟叶样品原始水分的测定不需此步骤。

2. 检测工作条件研究

（1）试验设计

为制订《烟叶样品 平衡含水率的测定 快速水分检测法》检测方法的工作条件，需重点研究样品质量、干燥温度、热失重速率三个因素对烟叶样品水分测定结果的影响，因而，设计了三因素三水平试验（见表4-7）和烘箱法含水率测定试验（烟叶样品等级为B2F）来进行检验。其中，烘箱法含水率测定试验选取1.5 g的烟丝样品。

表4-7 正交试验设计表——烟叶样品平衡含水率的测定

试验号	因素		
	A 样品质量/g	B 干燥温度/℃	C 热失重速率/（s/mg）
1	1.0	100.0	60.0
2	1.5	105.0	100.0
3	2.0	110.0	140.0

（2）试验结果

表4-8 正交试验结果——烟叶样品平衡含水率的测定

试验号	因素				
	A 样品质量 /g	B 干燥温度 /℃	C 热失重速率/ （s/mg）	测试水分结果 /%	耗时 /min
1	1.0	95.0	60.0	12.00	3.1
2	1.0	100.0	90.0	13.10	4.2
3	1.0	105.0	120.0	13.90	6.4
4	1.5	95.0	90.0	13.33	6.1
5	1.5	100.0	120.0	13.66	6.8
6	1.5	105.0	60.0	13.46	4.5

表4-8（续）

试验号	因素			测试水分结果 /%	耗时 /min
	A 样品质量 /g	B 干燥温度 /℃	C 热失重速率/ （s/mg）		
7	2.0	95.0	120.0	12.95	7.0
8	2.0	100.0	60.0	13.70	6.2
9	2.0	105.0	90.0	14.10	11.1

表4-9　烘箱试验结果——烟叶样品平衡含水率的测定

试验号	因素	
	样品质量/g	含水率/%
1-1	1.5	13.60
1-2	1.5	13.53
1-3	1.5	13.60
平均值	13.58	

表4-10　正交试验极差结果——烟叶样品平衡含水率的测定

项目	因素		
	A 样品质量/g	B 干燥温度/℃	C 热失重速率/（s/mg）
$K1$	39.000	38.280	39.160
$K2$	40.450	40.460	40.530
$K3$	40.750	41.460	40.510
$k1=（K1/3）$	13.000	12.760	13.053
$k2=（K2/3）$	13.483	13.487	13.510
$k3=（K3/3）$	13.583	13.820	13.503
极差R	0.583	1.060	0.457

（3）结果分析

根据表4-10正交试验的极差结果分析可知，所选定的三个因素对本试验结果的影响程度从大到小依次：B（干燥温度）、A（样品质量）、C（热失重速率），即干燥温度对试验结果的影响最大。此外，由表4-8和表4-9测定结果可以看出，烘箱法检测结果与正交试验中的5号和6号结果最为接近。6号试验中干燥温度为105℃，而在105℃干燥温度下的3号和9号试验平衡含水率测定结果均偏高，可能存在其他成分随水分一起蒸发的现象，稳定性较差。在95℃干燥温度下，正交实验平衡含水率测定结果相比烘箱法均偏小，表明在95℃正交试验条件下，样品水分可能未完全烘干。因此，选择5号试验条件作为平衡含水率的测试条件。

综上，烟叶样品快速水分测定宜选择干燥温度100℃、样品质量1.5 g、热失重速率1 mg/120 s的工作条件。

3. 检测方法验证

（1）平衡含水率的测定

采用以上确定的检测工作条件，选取下、中、上三个部位（X1F、C3F、B2F）的烟叶样品分别进行平衡含水率的测定，每组试验设三个平行样，试验前先将切成烟丝的烟叶样品按照四分法混匀，然后称取1.5 g烟丝样品，精确至0.001。平衡含水率的测定结果如表4-11所示。

表4-11　烟叶样品平衡含水率的测定值

试验号	试验样品		
	X1F	C3F	B2F
1	13.93%	13.93%	13.67%
2	14.12%	13.87%	13.73%
3	14.07%	13.80%	13.60%

（2）结果分析

表4-12是烟叶样品平衡含水量测定结果的统计分析，通过平行试验，对平衡含水率测定结果的最小值、最大值、均值、标准偏差SD、相对标准偏差RSD进行计算，结果表明，试验样品的RSD均小于1%，说明本方法检测的结果稳定，平行性好。

表4-12　烟叶样品平衡含水率的测定值统计量描述

试验样品	项目				
	最小值	最大值	均值	SD	RSD
X1F	13.93%	14.12%	14.04%	0.0010	0.70%
C3F	13.80%	13.93%	13.87%	0.0007	0.48%
B2F	13.60%	13.73%	13.67%	0.0007	0.49%

4. 结论

（1）正交试验结果分析显示，烟叶样品的快速水分测定宜选择干燥温度100℃，样品质量1.5 g，热失重速率1 mg/120 s的检测工作条件。

（2）烟叶样品快速水分测定结果分析显示，采用本方法中的检测工作条件，测定结果的科学性强、准确度高、平行性好。

第三节 检测方法验证——颜色值的测定

（一）【实验目的】制订《烟叶样品 颜色值的测定 色差仪检测法》检测方法并验证其科学性、可靠性和准确性。

（二）【实验方法】Q/YNZY(YY).J07.201—2022《烟叶样品 颜色值的测定 色差仪检测法》。

（三）【实验材料】烤烟烟叶样品。产地：云南曲靖；年份：2019年；品种：云烟87；等级：B2F、C3F、X2F。

（四）【实验仪器】威福光电WR-18型色差仪。

（五）【环境条件】调节大气环境Ⅱ：相对湿度（60.0±3.0）%、温度（22.0±1.0）℃；色温：5500K~5600K；工作台照度：2000 lx±200 lx；显色指数：Ra＞92.0。

（六）【方法研究及验证】

1. 样品制备

选取具有代表性的烟叶样品，按Q/YNZY(YY).J07.002—2022调节大气环境Ⅱ[相对湿度（60.0±3.0）%，温度：（22.0±1.0）℃]的要求平衡48 h。

2. 检测工作条件研究

（1）不同检测点数对颜色值测定的影响

a）试验设计

为研究《烟叶样品 颜色值的测定 色差仪检测法》检测方法中不同检测点数对烟叶样品颜色值测定的影响，设计了不同检测点数的试验（见表4-13），每个等级选取10片烟叶样品，分别设置3个处理，即1点（半叶中间位置）、3点（半叶基、中、尖位置均匀取3个点）、6点（左右半叶的基、中、尖部位各均匀取3个点），每个试验设置3个重复。

表4-13 不同取样点数颜色值试验设计

样品等级	处理	样品等级	处理	样品等级	处理
X2F	1点	C3F	1点	B2F	1点
	1点		1点		1点
	1点		1点		1点
	3点		3点		3点
	3点		3点		3点
	3点		3点		3点
	6点		6点		6点
	6点		6点		6点
	6点		6点		6点

b）试验结果与分析

将烟叶样品平放在标准分级台上，用色差仪垂直接触于烟叶表面进行测定，颜色值L、a、b的测定结果精确至0.01。测定结果与统计分析见表4-14。

表4-14 不同取样数量颜色值测定结果的统计分析

样品等级	处理	L平均值	RSD/%	a平均值	RSD/%	b平均值	RSD/%
X2F	1点	58.60	2.67	15.58	17.39	91.94	15.17
	1点						
	1点						
	3点	57.92	3.78	15.79	18.03	93.39	16.91
	3点						
	3点						
	6点	57.97	3.59	15.87	19.48	94.46	19.03
	6点						
	6点						
C3F	1点	56.60	5.16	20.70	15.92	123.00	19.43
	1点						
	1点						
	3点	56.37	5.05	21.10	14.98	124.33	20.28
	3点						
	3点						
C3F	6点	56.18	5.22	21.27	15.61	125.26	21.11
	6点						
	6点						
B2F	1点	53.83	5.03	25.52	9.69	148.78	14.18
	1点						
	1点						
	3点	53.69	6.46	25.48	11.40	149.49	15.98
	3点						
	3点						
	6点	54.33	5.79	25.26	11.47	147.43	16.21
	6点						
	6点						

表4-15~表4-18是对3个试验处理RSD进行的成对样本的方差分析及多重比较，表4-15是主体间因子；表4-16是主体间效应的检验；表4-17是RSD均值估计；表4-18是成对样本RSD的多重比较。

结果显示，3个处理间，$p > 0.05$，都未达到显著水平。

表4-15　主体间因子

处理	N
1点	9
3点	9
6点	9

注：N为独立分组变量个数。

表4-16　主体间效应的检验

颜色值	变异源	Ⅲ型平方和	df	均方	F	Sig.
L值	校正模型	3.15[a]	2.00	1.57	0.68	0.52
	截距	609.19	1.00	609.19	261.73	0.00
	处理	3.15	2.00	1.57	0.68	0.52
	误差	55.86	24.00	2.33	—	—
	总计	668.20	27.00	—	—	—
	校正的总计	59.01	26.00	—	—	—

[a] $R^2 = 0.053$（调整 $R^2 = -0.026$）

颜色值	变异源	Ⅲ型平方和	df	均方	F	Sig.
a值	校正模型	6.42[a]	2.00	3.21	0.14	0.87
	截距	5981.46	1.00	5981.46	269.13	0.00
	处理	6.42	2.00	3.21	0.14	0.87
	误差	533.40	24.00	22.23	—	—
	总计	6521.29	27.00	—	—	—
	校正的总计	539.82	26.00	—	—	—

[a] $R^2 = 0.012$（调整 $R^2 = -0.070$）

颜色值	变异源	Ⅲ型平方和	df	均方	F	Sig.
b值	校正模型	29.74[a]	2.00	14.87	0.67	0.52
	截距	8365.63	1.00	8365.63	377.62	0.00
	处理	29.74	2.00	14.87	0.67	0.52
	误差	531.69	24.00	22.15	—	—
	总计	8927.06	27.00	—	—	—
	校正的总计	561.43	26.00	—	—	—

注1：因变量为RSD均值。

注2：R^2为决定系数，反应因变量的全部变异能通过回归。

[a] $R^2 = 0.053$（调整 $R^2 = -0.026$）。

表4-17　*RSD*均值估计

颜色值	处理	*RSD*均值 / %	标准误差	差值的95%置信区间	
				下限	上限
*L*值	1点	4.29	0.51	3.24	5.34
	3点	5.10	0.51	4.05	6.15
	6点	4.87	0.51	3.82	5.92
*a*值	1点	14.33	1.57	11.09	17.58
	3点	14.80	1.57	11.56	18.04
	6点	15.52	1.57	12.28	18.76
*b*值	5片	16.26	1.57	13.02	19.50
	10片	17.72	1.57	14.48	20.96
	15片	18.82	1.57	15.59	22.06

注：因变量为*RSD*均值。

表4-18　成对样本*RSD*的多重比较

颜色值	（I）处理	（J）处理	均值差值（I-J）	标准误差	p^a	差值的95%置信区间	
						下限	上限
*L*值	1点	3点	−0.81	0.72	0.27	−2.30	0.67
		6点	−0.58	0.72	0.43	−2.07	0.90
	3点	1点	0.81	0.72	0.27	−0.67	2.30
		6点	0.23	0.72	0.75	−1.26	1.71
	6点	1点	0.58	0.72	0.43	−0.90	2.07
		3点	−0.23	0.72	0.75	−1.71	1.26
*a*值	1点	3点	−0.47	2.22	0.84	−5.05	4.12
		6点	−1.19	2.22	0.60	−5.77	3.40
	3点	1点	0.47	2.22	0.84	−4.12	5.05
		6点	−0.72	2.22	0.75	−5.31	3.87
	6点	1点	1.19	2.22	0.60	−3.40	5.77
		3点	0.72	2.22	0.75	−3.87	5.31
*b*值	1点	3点	−1.46	2.22	0.52	−6.04	3.12
		6点	−2.56	2.22	0.26	−7.14	2.02
	3点	1点	1.46	2.22	0.52	−3.12	6.04
		6点	−1.10	2.22	0.62	−5.68	3.48
	6点	1点	2.56	2.22	0.26	−2.02	7.14
		3点	1.10	2.22	0.62	−3.48	5.68

注：*RSD*均值LSD比较基于估算边际均值。

a *p*值，统计学中指在进行假设检验时，根据样品数据计算出来的概率值。

从图4-1、图4-2、图4-3中可以看出，3个处理的RSD估算边际均值中，颜色值L、a、b中1点处理的RSD最小，除颜色值L之外，RSD均随着取点数的增加而增加，3个处理间无显著性差异。

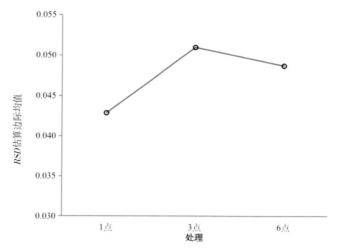

图4-1　颜色值L试验的3个处理的RSD估算边际均值

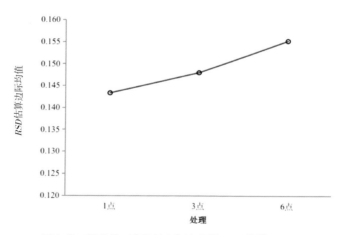

图4-2　颜色值a试验的3个处理的RSD估算边际均值

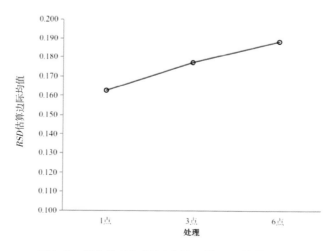

图4-3　颜色值b试验的3个处理的RSD估算边际均值

考虑到烟叶基部、中部和尖部颜色的差异性以及烟叶在实际生长中，可能会由于遮光现象造成左右半叶颜色不均匀一致的情况。因此，烟叶样品颜色值的测定宜选择在左右半叶的基、中、尖部位各均匀地取3个点，每片烟叶共取6个点进行颜色值的测定，使检测范围尽量覆盖整个叶面。

（2）不同取样数量对颜色值测定的影响

a）试验设计

为研究《烟叶样品　颜色值的测定　色差仪检测法》中不同取样数量对烟叶样品颜色值测定的影响，设计了不同取样叶片数量的试验（见表4-19），每个等级的烟叶样品分别设置3个处理，即以5片、10片、15片试样为单位进行颜色值的测定，每个处理设置3个重复。

表4-19　不同取样数量颜色值试验设计

样品等级	处理	样品等级	处理	样品等级	处理
X2F	5片	C3F	5片	B2F	5片
	5片		5片		5片
	5片		5片		5片
	10片		10片		10片
	10片		10片		10片
	10片		10片		10片
	15片		15片		15片
	15片		15片		15片
	15片		15片		15片

b）试验结果与分析

将样品平放在试验台上，用色差仪垂直接触于烟叶表面检测，每片烟叶在左右半叶的基、中、尖部位各均匀地取3个点（每片6个点）测定L、a、b值，6个点的平均值表示该片烟叶的颜色值，结果精确至0.01。试验结果与分析见表4-20。

表4-20　不同取样数量颜色值测定结果的统计分析

样品等级	处理	L平均值	RSD/%	a平均值	RSD/%	b平均值	RSD/%
X2F	5片	57.31	3.63	17.09	16.33	96.08	15.17
	5片						
	5片						
	10片	57.61	3.09	15.38	14.67	90.95	12.65
	10片						
	10片						
	15片	58.13	4.04	16.46	17.98	97.44	17.16
	15片						
	15片						
C3F	5片	56.40	3.21	20.04	8.84	113.22	10.81
	5片						
	5片						
	10片	56.37	6.34	21.80	16.48	126.48	23.03
	10片						
	10片						
	15片	56.09	4.43	21.50	11.98	128.29	16.85
	15片						
	15片						
B2F	5片	54.90	5.21	27.27	12.03	166.43	13.85
	5片						
	5片						
	10片	53.93	6.99	26.64	10.27	157.83	14.89
	10片						
	10片						
	15片	55.46	5.37	25.30	10.28	146.30	15.38
	15片						
	15片						

表4-20为不同取样数量颜色值测定结果的统计分析，表4-21~表4-24是对3个试验处理 RSD 进行的成对样本的方差分析及多重比较，表4-21是主体间因子；表4-22是主体间效应的检验；表4-23是 RSD 均值估计；表4-24是成对样本 RSD 的多重比较。从表4-24可以看出，3个处理间，$p > 0.05$，都未达到显著水平。

表4-21 主体间因子

处理	N
5片	9
10片	9
15片	9

注：N 为独立分组变量个数。

表4-22 主体间效应的检验

颜色值	变异源	Ⅲ型平方和	df（方差分析结果）	均方	F（自由变）	Sig.（显著性水平）
L值	校正模型	2.25[a]	2	1.13	0.88	0.43
	截距	553.07	1	553.07	431.77	0.00
	处理	2.25	2	1.13	0.88	0.43
	误差	30.74	24	1.28	—	—
	总计	586.06	27	—	—	—
	校正的总计	33.00	26	—	—	—

[a] $R^2 = 0.068$（调整 $R^2 = -0.009$）。

颜色值	变异源	Ⅲ型平方和	df（方差分析结果）	均方	F（自由变）	Sig.（显著性水平）
a值	校正模型	25.52[a]	2	12.76	1.08	0.35
	截距	5489.81	1	5489.81	465.59	0.00
	处理	25.52	2	12.76	1.08	0.35
	误差	282.99	24	11.79	—	—
	总计	5798.32	27	—	—	—
	校正的总计	308.51	26	—	—	—

[a] $R^2 = 0.083$（调整 $R^2 = 0.006$）。

颜色值	变异源	Ⅲ型平方和	df（方差分析结果）	均方	F（自由变）	Sig.（显著性水平）
b值	校正模型	29.85[a]	2	14.93	1.62	0.22
	截距	8258.25	1	8258.25	898.82	0.00
	处理	29.85	2	14.93	1.62	0.22
	误差	220.51	24	9.19	—	—
	总计	8508.62	27	—	—	—
	校正的总计	250.36	26	—	—	—

注1：因变量为 RSD 均值。

注2：R^2 为决定系数，反应因变量的全部变异能通过回归关系被自变量解释的比例。

[a] $R^2 = 0.119$（调整 $R^2 = 0.046$）。

表4-23　RSD均值估计

颜色值	处理	RSD均值/%	标准误差	差值的95%置信区间	
				下限	上限
L值	5片	4.16	0.38	3.38	4.94
	10片	4.87	0.38	4.09	5.65
	15片	4.55	0.38	3.77	5.33
a值	5片	13.15	1.14	10.79	15.51
	10片	15.52	1.14	13.16	17.88
	15片	14.11	1.14	11.74	16.47
b值	5片	16.25	1.01	14.17	18.34
	10片	18.82	1.01	16.74	20.91
	15片	17.39	1.01	15.30	19.48

注：因变量为RSD均值。

表4-24　成对样本RSD的多重比较

颜色值	（I）处理	（J）处理	均值差值（I-J）	标准误差	p^a	差值的95%置信区间	
						下限	上限
L值	5片	10片	−0.71	0.53	0.20	−1.81	0.39
		15片	−0.39	0.53	0.47	−1.49	0.71
	10片	5片	0.71	0.53	0.20	−0.39	1.81
		15片	0.32	0.53	0.56	−0.78	1.42
	15片	5片	0.39	0.53	0.47	−0.71	1.49
		10片	−0.32	0.53	0.56	−1.42	0.78
a值	5片	10片	−2.37	1.62	0.16	−5.71	0.97
		15片	−0.95	1.62	0.56	−4.30	2.39
	10片	5片	2.37	1.62	0.16	−0.97	5.71
		15片	1.41	1.62	0.39	−1.93	4.75
	15片	5片	0.95	1.62	0.56	−2.39	4.30
		10片	−1.41	1.62	0.39	−4.75	1.93
b值	5片	10片	−2.57	1.43	0.08	−5.52	0.38
		15片	−1.14	1.43	0.43	−4.09	1.81
	10片	5片	2.57	1.43	0.08	−0.38	5.52
		15片	1.43	1.43	0.33	−1.52	4.38
	15片	5片	1.14	1.43	0.43	−1.81	4.09
		10片	−1.43	1.43	0.33	−4.38	1.52

注：RSD均值LSD比较基于估算边际均值。

[a] p值，统计学中指在进行假设检验时，根据样品数据计算出来的概率值。

从图4-4、图4-5、图4-6中可以看出，3个处理的 *RSD* 估算边际均值中5片处理的 *RSD* 最小，其次是15片处理的 *RSD*，10片 *RSD* 最大；5片处理、10片处理与15片处理的 *RSD* 均较低，而且3个处理间无显著性差异。从试验的劳动量和样本代表性考虑，颜色值的测定宜采用10片烟叶样品（对于基准烟叶样品，不应少于5片）。

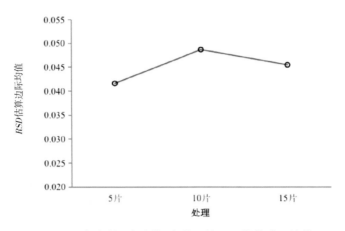

图4-4 颜色值*L*试验的3个处理的*RSD*估算边际均值

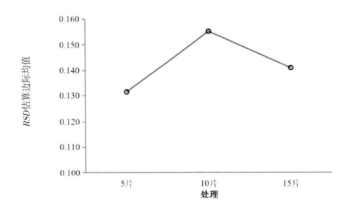

图4-5 颜色值*a*试验的3个处理的*RSD*估算边际均值

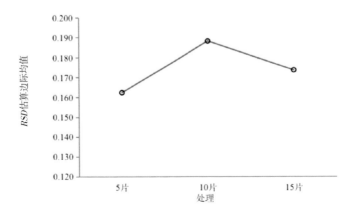

图4-6 颜色值*b*试验的3个处理的*RSD*估算边际均值

3. 检测方法验证

（1）颜色值的测定

采用以上确定的检测工作条件，选取下、中、上三个部位的烟叶样品分别进行颜色值的测定，每个等级取10片烟叶样品，每片烟叶以6个点颜色值的平均值表示，测定结果如表4-25所示。

表4-25　烟叶样品颜色值的检测结果

序号	等级								
	B2F			C3F			X2F		
	颜色值								
	L	a	b	L	a	b	L	a	b
1	45.11	36.58	200.40	49.87	31.50	177.93	55.14	22.38	106.01
2	44.46	34.76	186.49	53.11	31.56	177.79	56.68	26.11	127.38
3	46.11	34.60	177.91	51.41	31.05	168.24	56.87	21.54	97.47
4	49.15	30.19	150.25	50.75	27.86	145.48	55.71	20.20	92.36
5	48.65	31.39	166.15	53.16	30.40	163.60	58.45	21.08	100.35
6	48.61	30.14	152.62	50.60	31.11	162.87	57.77	19.16	87.54
7	50.10	31.71	165.81	48.44	30.57	158.44	52.27	23.26	116.08
8	47.37	33.88	182.68	49.12	29.88	165.55	55.88	23.68	109.60
9	43.76	34.35	190.58	48.34	33.39	187.47	55.45	21.28	107.51
10	45.14	34.08	180.06	51.07	26.91	128.06	56.94	22.35	114.95

（2）结果分析

表4-26是不同等级烟叶样品颜色值L、a、b测定结果的统计分析，通过烟叶样品颜色值的测定，对其测定结果的最小值、最大值、均值、SD、RSD和置信区间进行分析。分析显示，试验样品的RSD均小于12%，说明用本方法检测的结果稳定，平行性好。

测定结果还显示，随着部位的升高，烟叶颜色值L（明度值）逐渐减小，a（红绿色度值）逐渐增加，b（黄蓝色度值）逐渐增加，表面烟叶红色素和黄色素逐渐增加。烟叶颜色逐渐加深，表明用该方法测定出的颜色值部位间的变化符合烟叶生长特性。

表4-26　烟叶样品颜色值的数据处理结果

项目	等级								
	B2F			C3F			X2F		
	色值								
	L	a	b	L	a	b	L	a	b
均值	46.85	33.17	175.30	50.59	30.42	163.54	56.12	22.10	105.93
SD	2.217	2.168	16.290	1.708	1.866	17.063	1.705	1.953	11.951
RSD/%	4.73	6.54	9.29	3.38	6.13	10.43	3.04	8.84	11.28
最大值	50.10	36.58	200.40	53.16	33.39	187.47	58.45	26.11	127.38
最小值	43.76	30.14	150.25	48.34	26.91	128.06	52.27	19.16	87.54
样本量/片	10	10	10	10	10	10	10	10	10
95%置信区间下限	45.3	31.6	163.6	49.4	29.1	151.3	54.9	20.7	97.4
95%置信区间上限	48.4	34.7	186.9	51.8	31.8	175.7	57.3	23.5	114.5

4. 结论

（1）不同检测点数颜色值测定试验（1点、3点、6点）测定结果之间无显著性差异。为真实反映烟叶基部、中部和尖部颜色的差异性以及烟叶在实际生长中，可能会由于遮光现象造成左右半叶颜色不均匀一致的情况出现，本方法选取6个点进行颜色值的测定，使检测范围尽量覆盖整个叶面。

（2）取样数量为5片、10片和15片处理的RSD估算边际均值较为接近，且3个处理间无显著性差异，从试验的劳动量和样本代表性考虑，颜色值的测定宜采用10片烟叶样品（对于基准烟叶样品，不应少于5片）。

（3）烟叶样品颜色值测定结果分析显示，采用本方法中的检测工作条件，测定结果的科学性强、准确度高、平行性好。

第四节　检测方法验证——长度的测定

（一）【实验目的】制订《烟叶样品　长度的测定》检测方法并验证其科学性、可靠性和准确性。

（二）【实验方法】Q/YNZY(YY).J07.204—2022《烟叶样品　长度的测定》。

（三）【实验材料】烤烟烟叶样品。产地：云南曲靖；年份：2019年；品种：云烟87；等级：B2F、C3F、X2F。

（四）【实验仪器】标准测量钢尺：长度100 cm，分度值1 mm。

（五）【环境条件】调节大气环境Ⅱ：相对湿度（60.0±3.0）%、温度（22.0±1.0）℃。

（六）【方法研究及验证】

1.样品制备

选取具有代表性的烟叶样品，按Q/YNZY(YY).J07.002—2022调节大气环境Ⅱ[相对湿度：（60.0±3.0）%，温度：（22.0±1.0）℃]的要求平衡48 h。

2.检测工作条件研究

（1）试验设计

为研究《烟叶样品　长度的测定》检测方法中不同取样数量对烟叶样品长度测定的影响，设计了不同取样叶片数量的试验（见表4-27），每个等级的烟叶样品分别设置3个处理，即以5片、10片、15片试样为单位进行长度的测定，每个处理设置3个重复。

表4-27　不同取样数量长度试验设计

样品等级	处理	样品等级	处理	样品等级	处理
X2F	5片	C3F	5片	B2F	5片
	5片		5片		5片
	5片		5片		5片
	10片		10片		10片
	10片		10片		10片
	10片		10片		10片
	15片		15片		15片
	15片		15片		15片
	15片		15片		15片

（2）试验结果与分析

将标准测量钢尺固定于试验台上，逐片测定烟叶长度，长度测定结果精确至0.1 cm。试验结果与分析见表4-28。

表4-28　不同取样数量长度测定结果的统计分析

样品等级	处理	叶长平均值/cm	SD	RSD/%
X2F	5片	62.42	4.73	7.58
	5片			
	5片			
	10片	61.72	4.09	6.63
	10片			
	10片			
	15片	61.75	5.40	8.74
	15片			
	15片			
C3F	5片	70.83	4.93	6.96
	5片			
	5片			
	10片	70.53	5.04	7.14
	10片			
	10片			
	15片	70.25	3.71	5.28
	15片			
	15片			
B2F	5片	67.90	3.40	5.01
	5片			
	5片			
	10片	66.84	4.83	7.23
	10片			
	10片			
	15片	68.00	5.82	8.56
	15片			
	15片			

表4-28为不同取样数量长度测定结果的统计分析,其中,X2F取样量为10片时RSD最小、C3F取样量为15片时RSD最小、B2F取样量为5片时RSD最小。

表4-29~表4-32是对3个试验处理RSD进行的成对样本的方差分析及多重比较,表4-29是主体间因子;表4-30是主体间效应的检验;表4-31是RSD均值估计;表4-32是成对样本RSD的多重比较。

从表4-32可以看出,3个处理间,$p > 0.05$,说明3个处理间不存在显著性差异,即不同取样数量对烟叶样品的长度测定没有影响。

表4-29 主体间因子

处理	N
1点	9
3点	9
6点	9

注:N为独立分组变量个数。

表4-30 主体间效应的检验

变异源	Ⅲ型平方和	自由度	均方	F	p
校正模型	9.52[a]	2	4.76	1.24	0.31
截距	1255.56	1	1255.56	327.03	0.00
处理间	9.52	2	4.76	1.24	0.31
误差	92.14	24	3.84	—	—
总计	1357.23	27	—	—	—
校正的总计	101.66	26	—	—	—

[a] $R^2 = 0.094$(调整$R^2 = 0.018$)。

表4-31 RSD均值估计

处理	RSD均值/%	标准误差	差值的95%置信区间	
			下限	上限
5片	6.19	0.65	4.84	7.54
10片	6.65	0.65	5.30	8.00
15片	7.62	0.65	6.27	8.96

注:因变量为RSD均值。

表4-32 成对样本RSD的多重比较

（I）处理	（J）处理	均值差值（I–J）	标准误差	p^a	差值的95%置信区间	
					下限	上限
5片	10片	−0.46	0.92	0.62	−2.37	1.44
	15片	−1.43	0.92	0.14	−3.33	0.48
10片	5片	0.46	0.92	0.62	−1.44	2.37
	15片	−0.96	0.92	0.31	−2.87	0.94
15片	5片	1.43	0.92	0.14	−0.48	3.33
	10片	0.96	0.92	0.31	−0.94	2.87
注：RSD均值LSD比较基于估算边际均值。						
[a]p值，统计学中指在进行假设检验时，根据样品数据计算出来的概率值。						

从图4-7中可以看出，3个处理RSD的估算边际均值中5片处理的RSD最小，其次是10片处理的RSD，15片处理的RSD最大；5片处理、10片处理与15片处理的RSD均较低，且3个处理间无显著性差异。从试验的劳动量和样本代表性考虑，烟叶样品长度的测定宜采用10片烟叶样品（对于基准烟叶样品，不应少于5片）。

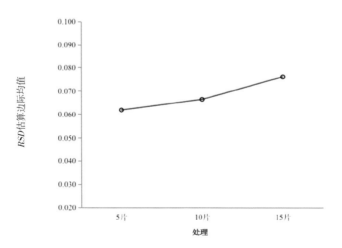

图4-7 叶长测定试验3个处理的RSD估算边际均值

3. 检测方法验证

（1）长度的测定

采用以上确定的检测工作条件，选取下、中、上三个部位的烟叶样品进行长度的测定，每个等级取10片烟叶样品，测定结果如表4-33所示。

表4-33　烟叶样品长度的检测结果

序号	等级		
	X2F	C3F	B2F
	长度/cm		
1	65.2	73.5	71.5
2	62.5	78.5	72.5
3	56.2	77.0	69.9
4	58.6	76.0	67.6
5	65.5	73.0	68.6
6	62.5	65.5	68.2
7	68.5	72.2	68.8
8	62.7	73.8	68.5
9	55.6	79.5	68.5
10	70.4	78.8	65.5

（2）结果分析

表4-34是不同等级烟叶样品长度测定结果的统计分析，通过烟叶样品长度的测定，对其测定结果的最小值、最大值、均值、SD、RSD 和置信区间进行分析。分析显示，RSD 均在10%以内，说明用本方法检测的结果稳定，平行性好。

测定结果还显示，随着部位的升高，烟叶长度的平均值先增加后减小，中部叶的长度最长，上部叶次之，下部叶最小，符合烟叶生长特性。

表4-34　烟叶样品长度的数据处理结果

项目	等级		
	X2F	C3F	B2F
均值/cm	62.77	74.78	68.96
SD	4.90	4.18	1.97
RSD/%	7.81	5.59	2.85
最大值/cm	70.40	79.50	72.50
最小值/cm	55.60	65.50	65.50
样本量/片	10	10	10
95%置信区间下限/cm	59.26	71.79	67.55
95%置信区间上限/cm	66.28	77.77	70.37

4. 结论

（1）取样数量为5片、10片和15片处理的 RSD 估算边际均值较为接近，均在6.0%~8.0%之间，且3个处理间无显著性差异，从试验的劳动量和样本代表性考虑，烟叶样品长度的测定宜采用10片烟叶样品（对于基准烟叶样品，不应少于5片）。

（2）烟叶样品长度测定结果分析显示，采用本方法中的检测工作条件，测定结果的科学性强、准确度高、平行性好。

第五节　检测方法验证——宽度与开片度的测定

（一）【实验目的】制订《烟叶样品　宽度与开片度的测定》检测方法并验证其科学性、可靠性和准确性。

（二）【实验方法】Q/YNZY(YY).J07.205—2022《烟叶样品　宽度与开片度的测定》。

（三）【实验材料】烤烟烟叶样品。产地：云南曲靖；年份：2019年；品种：云烟87；等级：B2F、C3F、X2F。

（四）【实验仪器】标准测量钢尺，长度：100 cm，分度值：1 mm。

（五）【环境条件】调节大气环境Ⅱ：相对湿度（60.0±3.0）%、温度（22.0±1.0）℃。

（六）【方法研究及验证】

1. 样品制备

选取具有代表性的烟叶样品，按Q/YNZY(YY).J07.002—2022调节大气环境Ⅱ[相对湿度：（60.0±3.0）%，温度：（22.0±1.0）℃]的要求平衡48h。

2. 检测工作条件研究

（1）试验设计

为研究《烟叶样品　宽度与开片度的测定》检测方法中不同取样数量对烟叶样品宽度测定的影响，设计了不同取样叶片数量的试验（见表4-35），每个等级的烟叶样品分别设置3个处理，即以5片、10片、15片试样为单位进行宽度的测定，每个处理设置3个重复。

表4-35　不同取样数量宽度试验设计

样品等级	处理	样品等级	处理	样品等级	处理
X2F	5片	C3F	5片	B2F	5片
	5片		5片		5片
	5片		5片		5片
	10片		10片		10片
	10片		10片		10片
	10片		10片		10片
	15片		15片		15片
	15片		15片		15片
	15片		15片		15片

（2）试验结果与分析

将标准测量钢尺固定于试验台上，逐片测定烟叶宽度，宽度测定结果精确至0.1cm，不同取样数量叶宽测定结果的统计分析见表4-36，不同取样数量开片度测定结果的统计分析见表4-37。

表4-36 不同取样数量叶宽测定结果的统计分析

样品等级	处理	叶宽平均值/cm	SD	RSD/%
X2F	5片	25.45	2.792	10.89
	5片			
	5片			
	10片	26.04	2.308	8.89
	10片			
	10片			
	15片	25.17	2.105	8.36
	15片			
	15片			
C3F	5片	24.24	2.557	10.45
	5片			
	5片			
	10片	24.29	3.352	13.82
	10片			
	10片			
	15片	24.24	2.196	9.07
	15片			
	15片			
B2F	5片	18.47	1.585	8.68
	5片			
	5片			
	10片	17.37	1.671	9.63
	10片			
	10片			
	15片	18.66	2.323	12.40
	15片			
	15片			

表4-37 不同取样数量开片度测定结果的统计分析

样品等级	处理	开片度/%	SD	RSD/%
X2F	5片			
	5片	40.98	4.86	12.15
	5片			
	10片			
	10片	42.34	4.44	10.48
	10片			
	15片			
	15片	41.05	4.82	11.74
	15片			
C3F	5片			
	5片	34.36	4.03	11.66
	5片			
	10片			
	10片	34.52	4.56	13.24
	10片			
	15片			
	15片	34.57	3.43	9.91
	15片			
B2F	5片			
	5片	27.22	2.13	7.79
	5片			
	10片			
	10片	26.05	2.44	9.33
	10片			
	15片			
	15片	27.53	3.43	12.43
	15片			

表4-38~表4-41是对3个试验处理RSD进行的成对样本的方差分析及多重比较。表4-38是主体间因子；表4-39是主体间效应的检验；表4-40是RSD均值估计；表4-41是成对样本RSD的多重比较。

从表4-41可以看出，3个处理间，$p > 0.05$，说明3个处理间不存在显著性差异，即不同取样数量对烟叶样品宽度的测定没有影响。

表4-38 主体间因子

处理	N
5片	9
10片	9
15片	9
注：N为独立分组变量个数。	

表4-39 主体间效应的检验

变异源	Ⅲ型平方和	自由度	均方	F	p
校正模型	3.88ᵃ	2	1.94	0.25	0.78
截距	2833.39	1	2833.39	367.47	0.00
处理间	3.88	2	1.94	0.25	0.78
误差	185.05	24	7.71	—	—
总计	3022.32	27	—	—	—
校正的总计	188.93	26	—	—	—

注1：因变量为RSD均值。

注2：R^2为决定系数，反应因变量的全部变异能通过回归关系被自变量解释的比例。

ᵃ $R^2 = 0.021$（调整 $R^2 = 0.061$）。

从图4-8中可以看出，3个处理RSD的估算边际均值中5片处理的RSD最小，其次

表4-40 RSD均值估计

处理	RSD均值/%	标准误差	差值的95%置信区间	
			下限	上限
5片	10.01	0.93	8.10	11.92
10片	10.78	0.93	8.87	12.69
15片	9.94	0.93	8.03	11.85
注：因变量为RSD均值。				

表4-41 成对样本*RSD*的多重比较

（I）处理	（J）处理	均值差值（I−J）	标准误差	p^{a}	差值的95%置信区间	
					下限	上限
5片	10片	−0.77	1.31	0.56	−3.47	1.93
	15片	0.07	1.31	0.96	−2.63	2.77
10片	5片	0.77	1.31	0.56	−1.93	3.47
	15片	0.84	1.31	0.53	−1.87	3.54
15片	5片	−0.07	1.31	0.96	−2.77	2.63
	10片	−0.84	1.31	0.53	−3.54	1.87
注：*RSD*均值LSD比较基于估算边际均值。						
[a] *p*值，统计学中指在进行假设检验时，根据样品数据计算出来的概率值。						

是15片处理的*RSD*，10片处理的*RSD*最大；5片处理、10片处理与15片处理的*RSD*均在9%~10%之间，且3个处理间无显著性差异。从试验的劳动量和样本代表性考虑，烟叶样品宽度值的测定宜采用10片烟叶样品（基准烟叶样品不应少于5片）。

3. 检测方法验证

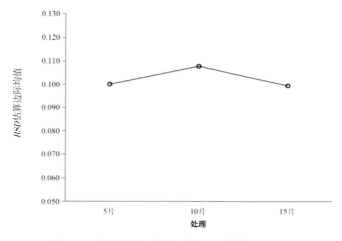

图4-8 宽度试验3个处理的*RSD*估算边际均值

（1）宽度与开片度的测定

采用以上确定的检测工作条件，选取下、中、上三个部位的烟叶样品分别进行宽度的测定，每个等级取10片烟叶样品，测定结果如表4-42所示。

按方法Q/YNZY(YY).J07.204—2022《烟叶样品　长度的测定》进行烟叶长度的测定，再根据式（1）进行开片度的计算，开片度计算结果见表4-43。

（2）结果分析

$$开片度= \frac{烟叶宽度}{烟叶长度} \times 100\% \quad\dots\dots\dots\dots\dots\dots\dots（1）$$

表4-42 烟叶样品宽度的检测结果

序号	等级		
	X2F	C3F	B2F
	宽度/cm		
1	26.5	23.5	19.6
2	25.5	22.2	19.1
3	23.2	17.5	18.5
4	23.2	24.5	19.4
5	25.5	20.6	16.0
6	24.5	22.5	18.2
7	30.5	21.1	18.2
8	25.4	23.5	20.5
9	28.0	20.2	16.6
10	26.3	24.2	14.5

表4-43 烟叶样品开片度计算结果

序号	等级		
	X2F	C3F	B2F
	开片度/%		
1	40.64	31.97	27.41
2	40.80	28.28	26.34
3	41.28	22.73	26.47
4	39.59	32.24	28.70
5	38.93	28.22	23.32
6	39.20	34.35	26.69
7	44.53	29.25	26.45
8	40.51	31.84	29.93
9	50.36	25.41	24.23
10	37.36	30.71	22.14

表4-44、表4-45是不同等级烟叶样品宽度与开片度测定结果的统计分析，通过烟叶样品宽度与开片度的测定，对其测定结果的最小值、最大值、均值、SD、RSD和置信区间进行分析。分析显示，RSD均在12%以内，说明用本方法检测的结果稳定，平行性好。

测定结果还显示，随着部位的升高，烟叶宽度的平均值逐渐减小，开片度也逐渐减小，叶形趋于尖锐，符合烟叶生长特性。

4. 结论

表4-44 烟叶样品宽度的数据处理结果

项目	X2F	C3F	B2F
均值/cm	25.86	21.98	18.06
SD	2.19	2.16	1.84
RSD/%	8.47	9.84	10.19
最大值/cm	30.50	24.50	20.50
最小值/cm	23.20	17.50	14.50
样本量/片	10	10	10
置信区间下限/cm	25.05	21.08	17.21
置信区间上限/cm	26.67	22.89	18.91

表4-45 烟叶样品开片度的数据处理结果

项目	X2F	C3F	B2F
均值/%	41.32	29.50	26.17
SD	3.69	3.49	2.37
RSD/%	8.92	11.84	9.07
最大值/%	50.36	34.35	29.93
最小值/%	37.36	22.73	22.14
样本量/片	10	10	10
置信区间下限/%	40.28	28.29	25.28
置信区间上限/%	42.36	30.71	27.06

（1）取样数量为5片、10片和15片处理的RSD估算边际均值较为接近，均在9.0%~10%之间，且3个处理间无显著性差异，从试验的劳动量和样本代表性考虑，烟叶样品宽度与开片度的测定宜采用10片烟叶样品（基准烟叶样品不应少于5片）。

（2）烟叶样品宽度与开片度测定结果分析显示，采用本方法中的检测工作条件，测定结果的科学性强、准确度高、平行性好。

第六节　检测方法验证——叶尖夹角的测定

（一）【实验目的】制订《烟叶样品　叶尖夹角的测定》检测方法并验证其科学性、可靠性和准确性。

（二）【实验方法】Q/YNZY(YY).J07.206—2022《烟叶样品　叶尖夹角的测定》。

（三）【实验材料】烤烟烟叶样品。产地：云南曲靖；年份：2019年；品种：云烟87；等级：B2F、C3F、X2F。

（四）【实验仪器】双臂量角器：最小刻度单位为1°。

（五）【环境条件】调节大气环境Ⅱ：相对湿度（60.0±3.0）%、温度（22.0±1.0）℃。

（六）【方法研究及验证】

1. 样品制备

选取具有代表性的烟叶样品，按Q/YNZY(YY).J07.002—2022调节大气环境Ⅱ[相对湿度：（60.0±3.0）%，温度：（22.0±1.0）℃]的要求平衡48 h。

2. 检测工作条件研究

（1）试验设计

为研究《烟叶样品　叶尖夹角的测定》检测方法中不同取样数量对烟叶样品叶尖夹角测定的影响，设计了不同取样叶片数量的试验（见表4-46），每个等级的烟叶样品分别设置3个处理，即以5片、10片、15片试样为单位进行叶尖夹角的测定，每个处理设置3个重复。

表4-46　不同取样数量叶尖夹角试验设计

样品等级	处理	样品等级	处理	样品等级	处理
X2F	5片	C3F	5片	B2F	5片
	5片		5片		5片
	5片		5片		5片
	10片		10片		10片
	10片		10片		10片
	10片		10片		10片
	15片		15片		15片
	15片		15片		15片
	15片		15片		15片

（2）试验结果与分析

将烟叶样品平铺在试验台上，用双臂式量角器逐片测定烟叶的叶尖夹角，测定结果精确至0.1°。试验结果与分析见表4-47。

表4-47　不同取样数量叶尖夹角测定结果的统计分析

样品等级	处理	叶尖夹角平均值/（°）	SD	RSD/%
X2F	5片	58.80	7.32	12.45
	5片			
	5片			
	10片	61.35	7.39	12.04
	10片			
	10片			
	15片	59.00	7.64	12.94
	15片			
	15片			
C3F	5片	57.63	3.59	6.23
	5片			
	5片			
	10片	54.78	6.81	12.43
	10片			
	10片			
	15片	56.24	5.83	10.37
	15片			
	15片			
B2F	5片	48.1	7.36	15.31
	5片			
	5片			
	10片	46.33	6.54	14.12
	10片			
	10片			
	15片	48.24	7.05	14.61
	15片			
	15片			

表4-47为不同取样数量叶尖夹角测定结果的统计分析，其中，X2F取样量为10片时 RSD 最小、C3F取样量为5片时 RSD 最小、B2F取样量为10片时 RSD 最小。

表4-48~表4-51是对3个试验处理 RSD 进行的成对样本的方差分析及多重比较，表4-48是主体间因子；表4-49是主体间效应的检验；表4-50是 RSD 均值估计；表4-51是成对样本 RSD 的多重比较。

从表4-51可以看出，3个处理间， $p > 0.05$ ，说明3个处理间不存在显著性差异，即不同取样数量对叶尖夹角测定没有影响。

表4-48　主体间因子

处理	N
5片	9
10片	9
15片	9

注： N 为独立分组变量个数。

表4-49　主体间效应的检验

变异源	Ⅲ型平方和	自由度	均方	F	p
校正模型	25.03[a]	2	12.51	0.77	0.47
截距	3939.53	1	3939.53	241.88	0.00
处理间	25.03	2	12.51	0.77	0.47
误差	390.88	24	16.29	—	—
总计	4355.44	27	—	—	—
校正的总计	415.91	26	—	—	—

注1：因变量为 RSD 均值。

注2： R^2 为决定系数，反应因变量的全部变异能通过回归关系被自变量解释的比例。

[a] $R^2 = 0.006$ （调整 $R^2 = -0.018$ ）。

表4-50　RSD 均值估计

处理	RSD 均值/%	标准误差	差值的95%置信区间	
			下限	上限
5片	10.72	1.35	7.94	13.49
10片	12.78	1.35	10.00	15.55
15片	12.74	1.35	9.97	15.52

注：因变量为 RSD 均值。

表4-51　成对样本RSD的多重比较

（I）处理	（J）处理	均值差值（I-J）	标准误差	p^a	差值的95%置信区间	
					下限	上限
5片	10片	-2.06	1.90	0.29	-5.99	1.87
	15片	-2.03	1.90	0.30	-5.95	1.90
10片	5片	2.06	1.90	0.29	-1.87	5.99
	15片	0.03	1.90	0.99	-3.89	3.96
15片	5片	2.03	1.90	0.30	-1.90	5.95
	10片	-0.03	1.90	0.99	-3.96	3.89
注：RSD均值LSD比较基于估算边际均值。						
a p值，统计学中指在进行假设检验时，根据样品数据计算出来的概率值。						

从图4-9中可以看出，3个处理RSD的估算边际均值中5片处理的RSD最小，其次是15片处理的RSD，10片处理的RSD最大；5片处理、10片处理与15片处理的RSD较为接近，且3个处理间无显著性差异。结合表4-47不同取样数量叶尖夹角测定结果的统计量描述，在多数试验中，设置测定10片取样量的RSD较小，并从试验的劳动量和样本代表性考虑，叶尖夹角的测定宜采用10片烟叶样品（基准烟叶样品不应少于5片）。

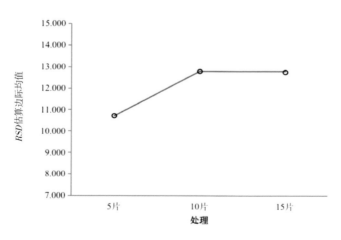

图4-9　叶尖夹角试验3个处理的RSD估算边际均值

3. 检测方法验证

（1）叶尖夹角的测定

采用以上确定的检测工作条件，选取下、中、上三个部位的烟叶样品进行叶尖夹角的测定，每个等级取10片烟叶样品，测定结果如表4-52所示。

表4-52 烟叶样品叶尖夹角的检测结果

序号	等级		
	X2F	C3F	B2F
	叶尖夹角/（°）		
1	57.0	50.0	34.0
2	65.0	54.0	36.0
3	57.0	45.0	39.0
4	59.0	46.0	41.0
5	62.0	52.0	42.0
6	60.0	44.0	39.0
7	61.0	48.0	42.0
8	60.5	52.0	43.0
9	60.5	51.0	43.0
10	59.2	52.0	42.0

（2）结果分析

表4-53是不同等级烟叶样品叶尖夹角测定结果的统计分析，通过烟叶样品叶尖夹角的测定，对其测定结果的最小值、最大值、均值、SD、RSD和置信区间进行分析。分析显示，RSD均在10%以内，说明用本方法检测的结果稳定，平行性好。

测定结果还显示，随着部位的升高，烟叶叶尖夹角的平均值逐渐减小，叶形趋于尖锐，符合烟叶生长特性。

表4-53 烟叶样品叶尖夹角的数据处理结果

项目	等级		
	X2F	C3F	B2F
均值/（°）	60.12	49.40	40.10
SD	2.36	3.44	3.07
RSD/%	3.92	6.96	7.66
最大值/（°）	65.00	54.00	43.00
最小值/（°）	57.00	44.00	34.00
样本量/片	10	10	10
95%置信区间下限/（°）	59.54	48.46	39.15
95%置信区间上限/（°）	60.70	50.34	41.05

4. 结论

（1）取样数量为5片、10片和15片处理的 *RSD* 估算边际均值较为接近，且3个处理间无显著性差异。此外，不同取样数量叶尖夹角测定结果的统计量描述显示，在多数试验中，10片取样量的 *RSD* 较小，从试验的劳动量和样本代表性考虑，烟叶样品叶尖夹角的测定宜采用10片烟叶样品（基准烟叶样品不应少于5片）。

（2）烟叶样品叶尖夹角测定结果分析显示，采用本方法中的检测工作条件，测定结果的科学性强、准确度高、平行性好。

第七节　检测方法验证——单叶质量的测定

（一）【实验目的】制订《烟叶样品　单叶质量的测定》检测方法并验证其科学性、可靠性和准确性。

（二）【实验方法】Q/YNZY(YY).J07.207—2022《烟叶样品　单叶质量的测定》。

（三）【实验材料】烤烟烟叶样品。产地：云南曲靖；年份：2019年；品种：云烟87；等级：B2F、C3F、X2F。

（四）【实验仪器】电子天平：梅特勒 LE2002E，量程为2200 g，分度值为0.01 g。

（五）【环境条件】调节大气环境Ⅱ：相对湿度（60.0±3.0）%、温度（22.0±1.0）℃。

（六）【方法研究及验证】

1. 样品制备

选取具有代表性的烟叶样品，按Q/YNZY(YY).J07.002—2022调节大气环境Ⅱ[相对湿度：（60.0±3.0）%，温度：（22.0±1.0）℃]的要求平衡48 h。

2. 检测工作条件研究

（1）试验设计

为研究《烟叶样品　单叶质量的测定》检测方法中不同取样数量对烟叶样品单叶质量测定的影响，设计了不同取样叶片数量的试验（见表4-54），每个等级的烟叶样品分别设置3个处理，即以5片、10片、15片试样为单位进行单叶质量的测定，每个处理设置3个重复。

表4-54　不同取样数量单叶质量试验设计

样品等级	处理	样品等级	处理	样品等级	处理
X2F	5片	C3F	5片	B2F	5片
	5片		5片		5片
	5片		5片		5片
	10片		10片		10片
	10片		10片		10片
	10片		10片		10片
	15片		15片		15片
	15片		15片		15片
	15片		15片		15片

（2）试验结果与分析

将烟叶表面尘土清除，用电子天平逐片测定烟叶的单叶质量，单叶质量测定结果精确至0.01g。试验结果与分析见表4-55。

表4-55　不同取样数量单叶质量测定结果的统计分析

样品等级	处理	单叶质量/g	SD	RSD/%
X2F	5片	11.96	2.68	22.41
	5片			
	5片			
	10片	12.13	1.44	11.87
	10片			
	10片			
	15片	11.65	1.77	15.22
	15片			
	15片			
C3F	5片	16.23	3.61	22.21
	5片			
	5片			
	10片	15.75	3.30	20.97
	10片			
	10片			
	15片	15.61	2.20	14.08
	15片			
	15片			
B2F	5片	16.64	2.90	17.44
	5片			
	5片			
	10片	16.53	2.21	13.34
	10片			
	10片			
	15片	16.30	2.14	13.12
	15片			
	15片			

表4-55为不同取样数量单叶质量测定结果的统计分析，其中，X2F取样10片 *RSD* 最小、C3F取样15片 *RSD* 最小、B2F取样15片 *RSD* 最小。

表4-56~表4-57是对3个试验处理 *RSD* 进行的成对样本的方差分析及多重比较，表4-56是主体间因子；表4-57是主体间效应的检验；表4-58是 *RSD* 均值估计；表4-59是成对样本 *RSD* 的多重比较。

从表4-59可以看出，3个处理间，$p > 0.05$，说明这3个处理间不存在显著性差异，即不同取样数量对单叶质量测定没有影响。

表4-56　主体间因子

处理	N
5片	9
10片	9
15片	9
注：N为独立分组变量个数。	

表4-57　主体间效应的检验

变异源	Ⅲ型平方和	自由度	均方	F	p
校正模型	7.39[a]	2	3.70	0.14	0.87
截距	5388.48	1	5388.48	204.50	0.00
处理间	7.39	2	3.70	0.14	0.87
误差	632.39	24	26.35	—	—
总计	6028.26	27	—	—	—
校正的总计	639.78	26	—	—	—

注1：因变量为 *RSD* 均值。

注2：R^2为决定系数，反应因变量的全部变异能通过回归关系被自变量解释的比例。

[a] $R^2 = 0.012$（调整 $R^2 = -0.071$）。

表4-58　*RSD* 均值估计

处理	*RSD* 均值/%	标准误差	差值的95%置信区间	
			下限	上限
5片	14.43	1.71	10.90	17.96
10片	13.39	1.71	9.86	16.92
15片	14.56	1.71	11.03	18.09

注：因变量为 *RSD* 均值。

表4-59　成对样本*RSD*的多重比较

（I）处理	（J）处理	均值差值（I−J）	标准误差	p^a	差值的95%置信区间	
					下限	上限
5片	10片	1.04	2.42	0.67	−3.96	6.03
	15片	−0.13	2.42	0.96	−5.13	4.86
10片	5片	−1.04	2.42	0.67	−6.03	3.96
	15片	−1.17	2.42	0.63	−6.16	3.82
15片	5片	0.13	2.42	0.96	−4.86	5.13
	10片	1.17	2.42	0.63	−3.82	6.16
注：*RSD*均值LSD比较基于估算边际均值。						
[a] *p*值，统计学中指在进行假设检验时，根据样品数据计算出来的概率值。						

从图4-10中可以看出，3个处理*RSD*的估算边际均值中10片处理的*RSD*最小，其次是5片处理的*RSD*，15片处理的*RSD*最大。5片处理、10片处理与15片处理的*RSD*较为接近，且3个处理间无显著性差异，从试验的劳动量和样本代表性考虑，烟叶样品长度的测定宜采用10片烟叶样品（基准烟叶样品不应少于5片）。

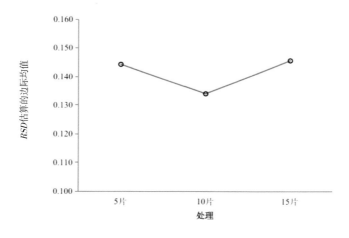

图4-10　单叶质量试验3个处理的*RSD*估算边际均值

3. 检测方法验证

（1）单叶质量的测定

采用以上确定的检测工作条件，选取下、中、上部位三个等级的烟叶样品进行单叶质量的测定，每个等级取10片烟叶样品，测定结果如表4-60所示。

表4-60 烟叶样品单叶质量的检测结果

序号	等级		
	X2F	C3F	B2F
	单叶质量/g		
1	12.20	14.16	17.06
2	10.78	14.65	14.33
3	12.71	13.60	14.82
4	14.12	13.88	16.75
5	12.73	19.00	17.42
6	11.93	17.05	13.90
7	13.32	15.14	15.59
8	9.58	15.06	16.28
9	12.49	14.41	13.70
10	10.63	11.48	16.72

（2）结果分析

表4-61是不同等级烟叶样品单叶质量测定结果的统计分析，通过烟叶样品单叶质量的测定，对其测定结果的最小值、最大值、均值、SD、RSD和置信区间进行分析，分析显示，RSD均在15%以内，说明用本方法检测的结果稳定，平行性好。

测定结果还显示，随着部位的升高，单叶质量的平均值逐渐增大。一般情况下，随着烟叶着生部位的上升，烟叶厚度较厚，内含物质充分，单叶质量也较大，符合烟叶生长特性。

表4-61 烟叶样品单叶质量的数据处理结果

项目	等级		
	X2F	C3F	B2F
均值/g	12.05	14.84	15.66
SD	1.36	2.02	1.38
RSD/%	11.32	13.62	8.82
最大值/g	14.12	19.00	17.42
最小值/g	9.58	11.48	13.70
样本量/片	10	10	10
95%置信区间下限/g	11.07	13.40	14.67
95%置信区间上限/g	13.03	16.29	16.65

4. 结论

（1）取样数量为5片、10片和15片处理的 RSD 估算边际均值较为接近，且3个处理间无显著性差异，其中，10片处理 RSD 的估算边际均值最小，从试验的劳动量和样本代表性考虑，烟叶样品单叶质量的测定宜采用10片烟叶样品（基准烟叶样品不应少于5片）。

（2）烟叶样品单叶质量测定结果分析显示，采用本方法中的检测工作条件，测定结果的科学性强、准确度高、平行性好。

第八节 检测方法验证——厚度的测定

（一）【实验目的】制订《烟叶样品 叶片厚度的测定》检测方法并验证其科学性、可靠性和准确性。

（二）【实验方法】Q/YNZY(YY).J07.208—2022《烟叶样品 叶片厚度的测定》。

（三）【实验材料】烤烟烟叶样品。产地：云南曲靖；年份：2019年；品种：云烟87；等级：B2F、C3F、X2F。

（四）【实验仪器】东莞恒科HK-210D自动厚度测定仪，分度值0.001 mm。

（五）【环境条件】调节大气环境Ⅱ：相对湿度（60.0±3.0）%、温度（22.0±1.0）℃。

（六）【方法研究及验证】

1. 样品制备

选取具有代表性的烟叶样品，按Q/YNZY(YY).J07.002—2022调节大气环境Ⅱ[相对湿度：（60.0±3.0）%，温度：（22.0±1.0）℃]的要求平衡48 h。

2. 检测工作条件研究

（1）不同检测层积数对厚度测定的影响

a）试验设计

为研究《烟叶样品 叶片厚度的测定》检测方法中不同检测层积数对烟叶样品厚度测定的影响，选取A4纸张、X2F样品、C3F样品、B2F样品，用直径15mm的打孔器取样（A4纸张随机打孔，烟叶样品取半叶的中间位置），每个样品分别设置3个处理，即以1层、5层、10层为单位进行厚度的测定，每个处理设置3个重复，表4-62为不同层积数厚度试验设计。

表4-62 不同层积数厚度试验设计

样品	处理	样品	处理	样品	处理	样品	处理
A4纸张	1层	X2F	1层	C3F	1层	B2F	1层
	1层		1层		1层		1层
	1层		1层		1层		1层
	5层		5层		5层		5层
	5层		5层		5层		5层
	5层		5层		5层		5层
	10层		10层		10层		10层
	10层		10层		10层		10层
	10层		10层		10层		10层

b）试验结果与分析

表4-63为不同层积数厚度试验测定结果的统计分析。从结果可以看出，A4纸张的单层厚度与层积厚度测定结果差异性不大，RSD也较为接近。而对于烟叶样品，随着层积数的增加，厚度测定结果的平均值逐渐减小，RSD总体呈增加的趋势，1层处理的RSD最小。说明增加烟叶样品检测的层积数会使试验数据的结果稳定性下降，平行性也较差，因此，叶片厚度的测定宜采用单层厚度。

注：烟叶本身具有一定的弹性和可压缩性，用层积厚度检测时，可能出现由于烟叶之间相互挤压造成单层厚度测定值偏小的现象。

表4-63　不同层积数厚度试验测定结果的统计分析

样品	处理	单层厚度/mm	平均值/mm	SD	RSD/%
A4纸张	1层	0.101	0.100	0.0023	2.32
	1层	0.101			
	1层	0.097			
	5层	0.107	0.106	0.0026	2.50
	5层	0.108			
	5层	0.103			
	10层	0.108	0.110	0.0032	2.91
	10层	0.109			
	10层	0.114			
X2F	1层	0.094	0.097	0.0074	7.63
	1层	0.091			
	1层	0.105			
	5层	0.088	0.089	0.0091	10.16
	5层	0.081			
	5层	0.099			
	10层	0.085	0.087	0.0086	9.95
	10层	0.079			
	10层	0.096			

表4-63（续）

样品	处理	单层厚度/mm	平均值/mm	SD	RSD/%
C3F	1层	0.155	0.154	0.0040	2.62
	1层	0.158			
	1层	0.150			
	5层	0.122	0.135	0.0126	9.30
	5层	0.147			
	5层	0.137			
	10层	0.115	0.131	0.0151	11.53
	10层	0.145			
	10层	0.133			
B2F	1层	0.206	0.197	0.0114	5.78
	1层	0.200			
	1层	0.184			
	5层	0.179	0.171	0.0108	6.30
	5层	0.176			
	5层	0.159			
	10层	0.170	0.166	0.0096	5.81
	10层	0.173			
	10层	0.155			

（2）不同检测点数对厚度测定的影响

a）试验设计

为研究《烟叶样品　叶片厚度的测定》检测方法中不同检测点数对烟叶样品厚度测定的影响，选取X2F、C3F、B2F三个等级的烟叶样品，每片烟叶任取一个半叶，每个烟叶样品分别设置5个处理，即以1点（半叶中间位置）、2点（烟叶中间两点）、3点（半叶的基、中、尖）、5点（沿半叶均匀取5个点）为单位进行厚度的测定（如图4-11所示），每个处理检测5片烟叶样品。

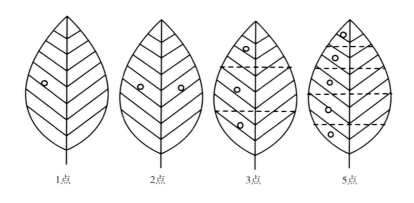

1点　　　　　2点　　　　　3点　　　　　5点

图4-11　不同检测点数检测位置示意图

b）试验结果与分析

表4-64为不同检测点数厚度试验测定结果的统计分析，表4-65是对3个等级烟叶样品4个不同处理间的单因素方差分析成对比较结果。结果显示，3个点检测时的RSD相对较低，且X2F、C3F、B2F等级样品中1点、2点、3点、5点厚度测定结果中成对比较的p值均大于0.05，说明4个处理间不存在显著差异，原因可能是由于烟叶样品检测时"基尖差"数据的中和效应。

考虑到烟叶样品"尖厚基薄"的特征，为真实反映烟叶不同部位间基、中、尖的厚度指标，同时结合试验的工作量和劳动强度，本方法选取3个点（叶基、叶中、叶尖）进行厚度的测定。

表4-64　不同检测点数厚度试验测定结果的统计分析

样品	处理	单片厚度/mm	平均值/mm	SD	RSD/%
X2F	1点	0.121	0.116	0.0150	12.92
	1点	0.111			
	1点	0.129			
	1点	0.126			
	1点	0.092			
	2点	0.133	0.108	0.0241	22.33
	2点	0.133			
	2点	0.084			
	2点	0.102			
	2点	0.088			
	3点	0.129	0.110	0.0212	19.24
	3点	0.126			
	3点	0.099			
	3点	0.110			
	3点	0.089			
	5点	0.127	0.108	0.0216	19.94
	5点	0.128			
	5点	0.097			
	5点	0.105			
	5点	0.085			

表4-64（续）

样品	处理	单片厚度/mm	平均值/mm	SD	RSD/%
C3F	1点	0.149	0.117	0.0206	17.59
	1点	0.113			
	1点	0.107			
	1点	0.094			
	1点	0.122			
	2点	0.131	0.117	0.0128	10.94
	2点	0.127			
	2点	0.105			
	2点	0.108			
	2点	0.116			
	3点	0.137	0.117	0.0151	12.86
	3点	0.122			
	3点	0.106			
	3点	0.103			
	3点	0.118			
	5点	0.126	0.110	0.0175	15.94
	5点	0.110			
	5点	0.099			
	5点	0.101			
	5点	0.112			
B2F	1点	0.181	0.194	0.0180	9.26
	1点	0.171			
	1点	0.197			
	1点	0.215			
	1点	0.206			
	2点	0.207	0.176	0.0357	20.33
	2点	0.134			
	2点	0.162			
	2点	0.186			
	2点	0.191			
	3点	0.198	0.182	0.0315	17.33
	3点	0.146			
	3点	0.174			
	3点	0.195			
	3点	0.196			
	5点	0.183	0.174	0.0329	18.94
	5点	0.142			
	5点	0.158			
	5点	0.195			
	5点	0.189			

表4-65 单因素方差分析成对比较

（I）点数	（J）点数	均值差值（I-J）	标准误差	p	差值的95%置信区间	
					下限	上限
度量：X2F厚度检测值						
1	2	0.008	0.012	1.000	−0.051	0.067
	3	0.005	0.008	1.000	−0.034	0.045
	5	0.007	0.009	1.000	−0.036	0.050
2	1	−0.008	0.012	1.000	−0.067	0.051
	3	−0.003	0.004	1.000	−0.022	0.017
	5	0.000	0.004	1.000	−0.017	0.017
3	1	−0.005	0.008	1.000	−0.045	0.034
	2	0.003	0.004	1.000	−0.017	0.022
	5	0.002	0.001	0.844	−0.004	0.008
5	1	−0.007	0.009	1.000	−0.050	0.036
	2	0.000	0.004	1.000	−0.017	0.017
	3	−0.002	0.001	0.844	−0.008	0.004
度量：C3F厚度检测值						
1	2	0.000	0.006	1.000	−0.030	0.029
	3	0.000	0.004	1.000	−0.020	0.019
	5	0.007	0.005	1.000	−0.016	0.031
2	1	0.000	0.006	1.000	−0.029	0.030
	3	0.000	0.002	1.000	−0.010	0.011
	5	0.008	0.002	0.177	−0.004	0.019
3	1	0.000	0.004	1.000	−0.019	0.020
	2	0.000	0.002	1.000	−0.011	0.010
	5	0.008	0.002	0.082	−0.001	0.016
5	1	−0.007	0.005	1.000	−0.031	0.016
	2	−0.008	0.002	0.177	−0.019	0.004
	3	−0.008	0.002	0.082	−0.016	0.001

表4-65（续）

（I）点数	（J）点数	均值差值（I-J）	标准误差	p	差值的95％置信区间	
					下限	上限
度量：B2F厚度检测值						
1	2	0.018	0.012	1.000	−0.039	0.075
	3	0.012	0.008	1.000	−0.025	0.050
	5	0.021	0.007	0.236	−0.013	0.054
2	1	−0.018	0.012	1.000	−0.075	0.039
	3	−0.006	0.004	1.000	−0.025	0.013
	5	0.003	0.006	1.000	−0.026	0.031
3	1	−0.012	0.008	1.000	−0.050	0.025
	2	0.006	0.004	1.000	−0.013	0.025
	5	0.008	0.003	0.324	−0.007	0.023
5	1	−0.021	0.007	0.236	−0.054	0.013
	2	−0.003	0.006	1.000	−0.031	0.026
	3	−0.008	0.003	0.324	−0.023	0.007
注：基于估算边际均值。						

（3）不同取样数量对厚度测定的影响

a）试验设计

为研究《烟叶样品 叶片厚度的测定》检测方法中不同取样数量对烟叶样品厚度测定的影响，设计了不同取样叶片数试验（见表4-66），每个等级的烟叶样品分别设置3个处理，即5片、10片、15片试样为单位进行厚度指标的测定，每个处理设置3个重复。

表4-66 不同取样数量厚度值试验设计

样品等级	不同处理	样品等级	不同处理	样品等级	不同处理
X2F	5片	C3F	5片	B2F	5片
	5片		5片		5片
	5片		5片		5片
	10片		10片		10片
	10片		10片		10片
	10片		10片		10片
	15片		15片		15片
	15片		15片		15片
	15片		15片		15片

b）试验结果与分析

将样品平放在厚度测定仪测量面之间，采用单层厚度测定方法，每片烟叶任选一个半叶的基、中、尖部位均匀地取3个点，以3个点的平均值表示该片烟叶的厚度值，结果精确至0.001mm。试验结果与分析见表4-67。

表4-67　不同取样数量厚度测定结果的统计分析

样品等级	处理	厚度平均值/mm	SD	RSD/%
X2F	5片	0.117	0.0179	15.23
	5片			
	5片			
	10片	0.119	0.0096	8.04
	10片			
	10片			
	15片	0.118	0.0129	10.86
	15片			
	15片			
C3F	5片	0.139	0.0250	18.02
	5片			
	5片			
	10片	0.146	0.0233	15.98
	10片			
	10片			
	15片	0.148	0.0169	11.42
	15片			
	15片			
B2F	5片	0.195	0.0202	10.32
	5片			
	5片			
	10片	0.194	0.0198	10.25
	10片			
	10片			
	15片	0.187	0.021	11.30
	15片			
	15片			

表4-67为不同取样数量厚度测定结果的统计分析，其中，X2F、B2F取样10片 RSD 最小、C3F取样15片 RSD 最小。

表4-68~表4-71是对3个试验处理 RSD 进行的成对样本的方差分析及多重比较，表4-68是主体间因子；表4-69是主体间效应的检验；表4-70是 RSD 均值估计；表4-71是成对样本 RSD 的多重比较。

从表4-71可以看出，3个处理间，$p > 0.05$，说明这3个处理间不存在显著性差异，即不同取样数量对厚度测定没有影响。

表4-68　主体间因子

处理	N
5片	9
10片	9
15片	9
注：N为独立分组变量个数。	

表4-69　主体间效应的检验

变异源	Ⅲ型平方和	自由度	均方	F	p
校正模型	54.433[a]	2	27.216	1.718	0.201
截距	4059.041	1	4059.041	256.211	0.000
处理间	54.433	2	27.216	1.718	0.201
误差	380.221	24	15.843	—	—
总计	4493.695	27	—	—	—
校正的总计	434.654	26	—	—	—

注1：因变量为 RSD 均值。

注2：R^2 为决定系数，反应因变量的全部变异能通过回归关系被自变量解释的比例。

[a] $R^2 = 0.125$（调整 $R^2 = 0.052$）。

表4-70　RSD 均值估计

处理	RSD均值/%	标准误差	差值的95%置信区间	
			下限	上限
5片	14.27	1.327	11.529	17.006
10片	11.32	1.327	8.583	14.059
15片	11.19	1.327	8.456	13.933
注：因变量为 RSD 均值。				

表4-71 成对样本*RSD*的多重比较

（I）处理	（J）处理	均值差值（I-J）	标准误差	p^{a}	差值的95%置信区间	
					下限	上限
5片	10片	2.95	1.88	0.129	−0.93	6.82
	15片	3.07	1.88	0.114	−0.80	6.95
10片	5片	−2.95	1.88	0.129	−6.82	0.93
	15片	0.13	1.88	0.947	−3.75	3.40
15片	5片	−3.07	1.88	0.114	−6.95	0.80
	10片	−0.13	1.88	0.947	−3.40	3.75

注：*RSD*均值LSD比较基于估算边际均值。

a *p*值，统计学中指在进行假设检验时，根据样品数据计算出来的概率值。

从图4-12中可以看出，3个处理*RSD*的估算边际均值中，10片处理与15片处理差异不大，从5片处理到10片处理的*RSD*下降较为明显，3个处理间无显著差异。从试验的劳动量和样本代表性考虑，烟叶样品厚度的测定宜采用10片烟叶样品（基准烟叶样品不应少于5片）。

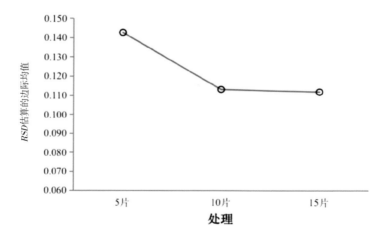

图4-12 厚度试验3个处理的*RSD*估算边际均值

3. 检测方法验证

（1）厚度的测定

采用以上确定的检测工作条件，选取下、中、上三个部位的烟叶样品进行厚度的测定，每个等级取10片烟叶样品，结果如表4-72所示。

表4-72　烟叶样品厚度的检测结果

序号	等级								
	X2F			C3F			B2F		
	厚度（基、中、尖）/mm								
	基	中	尖	基	中	尖	基	中	尖
1	0.093	0.120	0.136	0.129	0.145	0.124	0.143	0.142	0.178
2	0.098	0.113	0.103	0.146	0.172	0.157	0.181	0.160	0.158
3	0.098	0.080	0.093	0.136	0.155	0.161	0.190	0.189	0.200
4	0.115	0.125	0.130	0.159	0.147	0.152	0.210	0.205	0.180
5	0.090	0.102	0.102	0.153	0.160	0.132	0.196	0.200	0.215
6	0.115	0.090	0.109	0.164	0.126	0.168	0.214	0.220	0.197
7	0.075	0.116	0.095	0.146	0.153	0.165	0.197	0.212	0.185
8	0.089	0.096	0.108	0.133	0.142	0.147	0.215	0.186	0.178
9	0.112	0.125	0.086	0.136	0.155	0.129	0.216	0.174	0.178
10	0.093	0.101	0.111	0.148	0.160	0.138	0.161	0.161	0.185

（2）结果分析

表4-73是不同等级烟叶样品厚度测定结果的统计分析，通过烟叶样品厚度的测定，对其测定结果的最小值、最大值、均值、SD、RSD 和置信区间进行分析。分析显示，RSD 均在15%以内，说明用本方法检测的结果稳定，平行性好。

测定结果还显示，随着部位的升高，厚度的平均值逐渐增大。一般情况下，随着烟叶着生部位的上升，内含物质积累逐渐丰富，烟叶厚度较厚，符合烟叶生长特性。

表4-73　烟叶样品厚度测定的数据处理结果

项目	等级		
	X2F	C3F	B2F
均值/mm	0.104	0.148	0.188
SD	0.015	0.013	0.022
RSD/%	14.31	8.92	11.60
最大值/mm	0.136	0.172	0.220
最小值/mm	0.075	0.124	0.142
样本量/片	30	30	30
置信度95%	0.004	0.004	0.007
置信区间下限/mm	0.099	0.144	0.181
置信区间上限/mm	13.03	0.152	0.194

4. 结论

（1）单层厚度相比层积厚度检测的 RSD 较小，结果稳定、平行性好，烟叶样品厚度的测定宜采用单层厚度。

（2）不同检测点数厚度试验（1点、2点、3点、5点）测定结果之间无显著性差异。为真实反映烟叶不同部位间基、中、尖的厚度指标，表征烟叶样品"基尖"差异，烟叶样品厚度的测定宜选取3个点（叶基、叶中、叶尖）进行厚度的测定。

（3）取样数量为5片、10片和15片处理的 RSD 估算边际均值较为接近，且3个处理间无显著性差异。其中，从5片处理到10片处理的 RSD 下降较为明显，10片处理与15片处理差异不大，从试验的劳动量和样本代表性考虑，烟叶样品厚度的测定宜采用10片烟叶样品（基准烟叶样品不应少于5片）。

（4）烟叶样品厚度测定结果分析显示，采用本方法中的检测工作条件，测定结果的科学性强、准确度高、平行性好。此外，在一定范围内，还可以通过 RSD 值的大小分析不同部位烟叶厚度的均一性。

第九节 检测方法验证——定量、叶面密度与松厚度的测定

（一）【实验目的】制订《烟叶样品 定量、叶面密度与松厚度的测定》检测方法并验证其科学性、可靠性和准确性。

（二）【实验方法】Q/YNZY(YY).J07.209—2022《烟叶样品 定量、叶面密度与松厚度的测定》。

（三）【实验材料】烤烟烟叶样品。产地：云南曲靖；年份：2019年；品种：云烟87；等级：B2F、C3F、X2F。

（四）【实验仪器】分析天平：梅特勒 LE2002E，分度值0.0001 g；圆形打孔器：直径为10 mm、15 mm、20 mm；厚度测定仪：东莞恒科 HK–210D，分度值0.001 mm。

（五）【环境条件】调节大气环境Ⅱ：相对湿度（60.0 ± 3.0）%、温度（22.0 ± 1.0）℃。

（六）【方法研究及验证】

1. 样品制备

选取具有代表性的烟叶样品，按 Q/YNZY(YY).J07.002—2022调节大气环境Ⅱ[相对湿度：（60.0 ± 3.0）%，温度：（22.0 ± 1.0）℃]的要求平衡48 h。

2. 检测工作条件研究

（1）不同取样面积对定量测定的影响

a）试验设计

为研究《烟叶样品 定量、叶面密度与松厚度的测定》检测方法中不同取样面积对烟叶样品定量测定的影响，设计了不同取样面积的试验（见表4–74）。每个等级的样品分别设置3个处理，即用不同直径的打孔器对烟叶进行取样，打孔直径（D）分别为10 mm、15 mm、20 mm[打孔位置与厚度检测位置对应，在叶基、叶中、叶尖分别取样，详见 Q/YNZY(YY).J07.208—2022《烟叶样品 叶片厚度的测定》]，每个处理设置3个重复，表4–74为不同取样面积定量测定的试验设计。

表4-74 不同取样面积定量测定的试验设计

样品等级	处理	样品等级	处理	样品等级	处理
X2F	10 mm	C3F	10 mm	B2F	10 mm
	10 mm		10 mm		10 mm
	10 mm		10 mm		10 mm
	15 mm		15 mm		15 mm
	15 mm		15 mm		15 mm
	15 mm		15 mm		15 mm
	20 mm		20 mm		20 mm
	20 mm		20 mm		20 mm
	20 mm		20 mm		20 mm

注：烟叶样品的叶面密度与松厚度指标是由样品的定量和厚度指标计算得出的，在本验证试验中以定量指标的验证为例。

b）试验结果与分析

用分析天平分别称量上述不同打孔直径小圆片的质量，测定结果精确至0.0001 g，根据式（1）计算得出圆片的定量指标，以叶基、叶中、叶尖3个圆片的平均值表示该片烟叶样品的定量，结果精确至0.01 g/m²。

$$定量 = \frac{圆片质量}{\pi \times \left(\frac{D}{2}\right)^2} \times 10^6 \quad\text{………………………………}（1）$$

测定结果与分析见表4-75。

表4-75 不同取样面积定量测定结果的统计分析

样品等级	处理	圆片质量/g	定量 /（g/m²）	定量平均值 /（g/m²）	SD	RSD/%
X2F	10 mm	0.0044	56.05	59.02	2.97	5.04
	10 mm	0.0046	59.02			
	10 mm	0.0049	62.00			
	15 mm	0.0098	55.67	55.04	1.78	3.24
	15 mm	0.0094	53.03			
	15mm	0.0100	56.43			
	20 mm	0.0184	58.60	60.86	2.97	4.88
	20 mm	0.0188	59.77			
	20 mm	0.0202	64.23			

表4-75（续）

样品等级	处理	圆片质量/g	定量/（g/m²）	定量平均值/（g/m²）	SD	RSD/%
C3F	10 mm	0.0079	100.64	91.44	8.04	8.79
	10 mm	0.0067	85.77			
	10 mm	0.0069	87.90			
	15 mm	0.0136	76.81	75.87	0.82	1.08
	15 mm	0.0133	75.49			
	15 mm	0.0133	75.30			
	20 mm	0.0288	91.61	87.65	7.33	8.36
	20 mm	0.0289	92.14			
	20 mm	0.0249	79.19			
B2F	10 mm	0.0089	113.38	103.33	9.01	8.72
	10 mm	0.0075	95.97			
	10 mm	0.0079	100.64			
	15 mm	0.0169	95.68	93.73	1.81	1.93
	15 mm	0.0165	93.42			
	15 mm	0.0163	92.10			
	20 mm	0.0329	104.67	101.91	3.49	3.43
	20 mm	0.0308	97.98			
	20 mm	0.0324	103.08			

表4-75为不同取样面积定量测定结果的统计分析。从结果可以看出，取样直径为15 mm时，X2F、C3F、B2F三个等级烟叶样品中定量测定值的RSD均最小，说明采用15 mm直径打孔取样的定量试验设计优于10 mm直径和20 mm直径，定量试验的数据更稳定、平行性更好。

出现上述情况的原因可能是由于较小取样面积对整片烟叶的定量代表性不强，而较大取样面积的圆片可能会存在含有支脉或病斑等现象，影响定量结果的准确性。因此，烟叶样品定量的测定宜采用直径为15 mm的对应的取样面积。

（2）不同取样数量对定量测定的影响

a）试验设计

为研究《烟叶样品　定量、叶面密度与松厚度的测定》检测方法中不同取样数量对烟叶样品定量测定的影响，设计了不同取样叶片数试验（见表4-76）。每个等级的烟叶样品分别设置3个处理，即以5片、10片、15片试样为单位进行定量指标的测定，每个处理设置3个重复。

表4-76 不同取样数量定量试验设计

样品等级	处理	样品等级	处理	样品等级	处理
X2F	5片	C3F	5片	B2F	5片
	5片		5片		5片
	5片		5片		5片
	10片		10片		10片
	10片		10片		10片
	10片		10片		10片
	15片		15片		15片
	15片		15片		15片
	15片		15片		15片

b）试验结果与分析

将上述样品用15 mm直径的打孔器在任意半叶的基、中、尖部位均匀地取3个小圆片，以3个圆片定量的平均值表示该片烟叶的定量，结果精确至0.01 g/m²。试验结果与分析见表4-77。

表4-77 不同取样数量定量测定结果的统计分析

样品等级	处理	定量平均值/（g/m²）	SD	RSD/%
X2F	5片	75.24	12.78	16.99
	5片			
	5片			
	10片	78.52	9.66	12.30
	10片			
	10片			
	15片	76.31	11.22	14.70
	15片			
	15片			
C3F	5片	90.80	10.85	11.94
	5片			
	5片			
	10片	91.59	15.94	17.40
	10片			
	10片			
	15片	94.85	12.35	13.02
	15片			
	15片			

表4-77（续）

样品等级	处理	定量平均值/（g/m²）	*SD*	*RSD*/%
B2F	5片	120.86	16.12	13.34
	5片			
	5片			
	10片	132.65	15.11	11.39
	10片			
	10片			
	15片	124.96	15.65	12.53
	15片			
	15片			

表4-77为不同取样数量定量测定结果的统计分析，其中，X2F、B2F取样10片 *RSD* 最小、C3F取样15片 *RSD* 最小。

表4-78~表4-81是对3个试验处理 *RSD* 进行的成对样本的方差分析及多重比较，表4-78是主体间因子；表4-79是主体间效应的检验；表4-80是 *RSD* 均值估计；表4-81是成对样本 *RSD* 的多重比较。

表4-78 主体间因子

处理	*N*
5片	9
10片	9
15片	9

注：*N* 为独立分组变量个数。

表4-79 主体间效应的检验

变异源	Ⅲ型平方和	自由度	均方	*F*	*p*
校正模型	4.080[a]	2	2.040	0.122	0.886
截距	4646.842	1	4646.842	277.404	0.000
处理间	4.080	2	2.040	0.122	0.886
误差	402.029	24	16.751	—	—
总计	5052.950	27	—	—	—
校正的总计	406.109	26	—	—	—

注1：因变量为 *RSD* 均值。

注2：R^2 为决定系数，反应因变量的全部变异能通过回归关系被自变量解释的比例。

[a] $R^2 = 0.125$（调整 $R^2 = 0.052$）。

从表4-81可以看出，3个处理间，$p > 0.05$，说明这3个处理间不存在显著性差异，即不同取样数量对定量测定没有影响。

从图4-13中可以看出，5片处理、10片处理与15片处理的RSD估算边际均值均较低，且3个处理间无显著差异。从试验的劳动量和样本代表性考虑，烟叶样品定量的测定宜采用10片烟叶样品（基准烟叶样品不应少于5片）。

表4-80　RSD均值估计

处理	RSD均值/%	标准误差	差值的95%置信区间	
			下限	上限
5片	12.60	1.364	9.782	15.414
10片	13.23	1.364	10.412	16.044
15片	13.53	1.364	10.715	16.347

注：因变量为RSD均值。

表4-81　成对样本RSD的多重比较

（I）处理	（J）处理	均值差值（I-J）	标准误差	p^a	差值的95%置信区间	
					下限	上限
5片	10片	−0.63	1.93	0.747	−4.61	3.35
	15片	−0.93	1.93	0.633	−4.92	3.05
10片	5片	0.63	1.93	0.747	−3.35	4.61
	15片	−0.30	1.93	0.876	−4.29	3.68
15片	5片	0.93	1.93	0.633	−3.05	4.92
	10片	0.30	1.93	0.876	−3.68	4.29

注：RSD均值LSD比较基于估算边际均值。

[a] p值，统计学中指在进行假设检验时，根据样品数据计算出来的概率值。

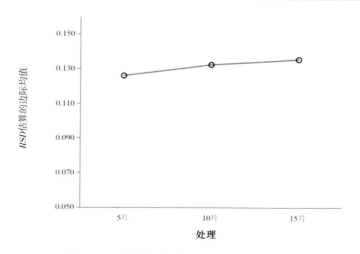

图4-13　定量试验3个处理的RSD估算边际均值

3. 检测方法验证

（1）定量、叶面密度与松厚度的测定

采用以上确定的检测工作条件，选取下、中、上三个部位的烟叶样品进行定量的测定，每个等级取10片烟叶样品，测定结果如表4-82所示。

按Q/YNZY(YY).J07.208—2022《烟叶样品　叶片厚度的测定》方法检测上述圆片的厚度，厚度测定结果精确至0.001mm，测定结果如表4-83所示。

表4-82　烟叶样品定量的测定结果

序号	等级		
	X2F	C3F	B2F
	定量/（g/m²）		
1	70.02	109.65	144.37
2	88.89	112.67	119.27
3	74.36	77.00	143.43
4	72.09	104.74	120.03
5	80.02	94.93	132.30
6	73.22	86.81	126.07
7	80.21	86.62	149.47
8	84.93	101.16	152.49
9	71.72	90.40	135.31
10	78.13	102.48	149.85

表4-83　烟叶样品厚度的测定结果

序号	等级		
	X2F	C3F	B2F
	厚度/mm		
1	0.107	0.161	0.230
2	0.126	0.178	0.176
3	0.114	0.119	0.198
4	0.114	0.143	0.195
5	0.121	0.132	0.190
6	0.107	0.126	0.179
7	0.121	0.141	0.240
8	0.130	0.155	0.201
9	0.111	0.139	0.170
10	0.124	0.160	0.203

　　根据式（2）计算得出烟叶样品的叶面密度指标，结果精确至0.001 g/cm³，计算结果见表4-84；根据式（3）计算得出烟叶样品的松厚度指标，结果精确至0.001 cm³/g，计算结果见表4-85。

$$\text{叶面密度} = \frac{\text{定量}}{\text{厚度}} \times 10^{-3} \quad \cdots\cdots\cdots\cdots\cdots\cdots\cdots\cdots\cdots\cdots\cdots\cdots\cdots\cdots\cdots（2）$$

$$\text{松厚度} = 1/\text{叶面密度} \quad \cdots\cdots\cdots\cdots\cdots\cdots\cdots\cdots\cdots\cdots\cdots\cdots\cdots\cdots\cdots（3）$$

表4-84　烟叶样品叶面密度的计算结果

序号	等级		
	X2F	C3F	B2F
	叶面密度/（g/cm³）		
1	0.658	0.679	0.624
2	0.717	0.636	0.677
3	0.646	0.653	0.730
4	0.630	0.734	0.614
5	0.677	0.726	0.699
6	0.673	0.690	0.705
7	0.664	0.611	0.623
8	0.668	0.655	0.760
9	0.653	0.651	0.803
10	0.636	0.638	0.740

表4-85　烟叶样品松厚度的计算结果

序号	等级		
	X2F	C3F	B2F
	松厚度/（cm³/g）		
1	1.551	1.475	1.605
2	1.402	1.582	1.487
3	1.556	1.545	1.390
4	1.593	1.391	1.629
5	1.501	1.389	1.434
6	1.514	1.455	1.427
7	1.511	1.639	1.620
8	1.527	1.531	1.317
9	1.534	1.538	1.269
10	1.576	1.595	1.352

（2）结果分析

表4-86是不同等级烟叶样品定量、叶面密度与松厚度测定结果的统计分析。通过烟叶样品定量、叶面密度与松厚度测的测定，对其测定结果的最小值、最大值、均值、SD、RSD和置信区间进行分析。分析显示，RSD均在12%以内，说明用本方法检测的结果稳定，平行性好。

此外，测定结果还显示：

（1）随着部位的升高，定量的平均值逐渐增大。一般情况下，随着烟叶着生部位的上升，烟叶内含物质积累逐渐丰富，烟叶定量逐渐增大，符合烟叶生长特性。

（2）随着部位的升高，叶面密度的平均值逐渐增大。一般情况下，随着烟叶着生部位的上升，烟叶的厚度逐渐增加，内含物质积累逐渐丰富，烟叶内部细胞排列越来越紧密，叶面密度也逐渐增大，符合烟叶生长特性。

（3）随着部位的升高，松厚度的平均值逐渐减小，表明烟叶内部组织的空隙程度下部烟最高，上部烟最低，与叶面密度呈负相关关系，符合烟叶生长特性。

表4-86 烟叶样品定量、叶面密度与松厚度测定的数据处理结果

项目	指标								
	X2F			C3F			B2F		
	定量 /(g/m²)	叶面密度 /(g/cm³)	松厚度 /(cm³/g)	定量 /(g/m²)	叶面密度 /(g/cm³)	松厚度 /(cm³/g)	定量 /(g/m²)	叶面密度 /(g/cm³)	松厚度 /(cm³/g)
均值	77.36	0.662	1.526	96.65	0.667	1.514	137.26	0.697	1.453
SD	6.197	0.025	0.053	11.405	0.040	0.085	12.482	0.063	0.129
RSD/%	8.01	3.70	3.46	11.80	5.95	5.59	9.09	9.08	8.91
最大值	88.89	0.717	1.593	112.67	0.734	1.639	152.49	0.803	1.629
最小值	70.02	0.630	1.402	77.00	0.611	1.389	119.27	0.614	1.269
样本量/片	10	10	10	10	10	10	10	10	10
置信度95%	4.43	0.018	0.038	8.16	0.028	0.061	8.93	0.045	0.093
置信区间下限	72.9	0.645	1.489	88.5	0.639	1.453	128.3	0.652	1.360
置信区间上限	81.8	0.680	1.564	104.8	0.696	1.574	146.2	0.743	1.546

4. 结论

（1）在烟叶样品的定量测定取样时，选取 15mm 直径打孔器打孔取样，X2F、C3F、B2F 三个等级的定量测定结果 *RSD* 均最小，试验的数据更稳定、平行性更好。

（2）取样数量为 5 片、10 片和 15 片处理的 *RSD* 估算边际均值较为接近，且 3 个处理间无显著性差异，从试验的劳动量和样本代表性考虑，烟叶样品定量、叶面密度与松厚度的测定宜采用 10 片烟叶样品（基准烟叶样品不应少于 5 片）。

（3）烟叶样品定量、叶面密度与松厚度测定结果分析显示，采用本方法中的检测工作条件，测定结果的科学性强、准确度高、平行性好。

第十节 检测方法验证——含梗率的测定

（一）【实验目的】制订《烟叶样品 含梗率的测定》检测方法并验证其科学性、可靠性和准确性。

（二）【实验方法】Q/YNZY(YY).J07.210—2022《烟叶样品 含梗率的测定》。

（三）【实验材料】烤烟烟叶样品。产地：云南曲靖；年份：2019年；品种：云烟87；等级：B2F、C3F、X2F。

（四）【实验仪器】电子天平：梅特勒LE2002E，分度值 d=0.01 g。

（五）【环境条件】调节大气环境Ⅱ：相对湿度（60.0±3.0）%、温度（22.0±1.0）℃。

（六）【方法研究及验证】

1. 样品制备

选取具有代表性的烟叶样品，按Q/YNZY(YY).J07.002—2022调节大气环境Ⅱ[相对湿度：（60.0±3.0）%，温度：（22.0±1.0）℃]的要求平衡48 h。

2. 检测工作条件研究

（1）试验设计

为研究《烟叶样品 含梗率的测定》检测方法中不同取样数量对烟叶样品含梗率测定的影响，设计了不同取样叶片数试验（见表4-87）。每个等级的烟叶样品分别设置3个处理，即以5片、10片、15片试样为单位进行定量指标的测定，每个处理设置3个重复。

表4-87 不同取样面积定量测定的试验设计

样品等级	处理	样品等级	处理	样品等级	处理
X2F	5片	C3F	5片	B2F	5片
	5片		5片		5片
	5片		5片		5片
	10片		10片		10片
	10片		10片		10片
	10片		10片		10片
	15片		15片		15片
	15片		15片		15片
	15片		15片		15片

（2）试验结果与分析

将烟叶表面尘土清除，从烟叶中撕去烟梗，得到叶片，用电子天平逐片测定烟叶中烟梗和叶片的质量，测定结果精确至0.01 g，计算得出烟叶样品的含梗率。试验结果与分析见表4-88。

表4-88　不同取样数量含梗率测定结果的统计分析

含梗率/%	处理	含梗率/%	SD	RSD/%
X2F	5片	28.21	0.0455	16.12
	5片			
	5片			
	10片	27.54	0.0225	8.18
	10片			
	10片			
	15片	28.37	0.0284	10.02
	15片			
	15片			
C3F	5片	30.47	0.0357	11.70
	5片			
	5片			
	10片	29.85	0.0264	8.84
	10片			
	10片			
	15片	30.18	0.0273	9.03
	15片			
	15片			
B2F	5片	25.88	0.0295	11.41
	5片			
	5片			
	10片	25.49	0.0337	13.21
	10片			
	10片			
	15片	26.03	0.0324	12.45
	15片			
	15片			

表4-88为不同取样数量含梗率测定结果的统计分析，其中，X2F、C3F取样10片 RSD 最小、B2F取样5片 RSD 最小。

表4-89~表4-92是对3个试验处理 RSD 进行的成对样本的方差分析及多重比较，表4-89是主体间因子；表4-90是主体间效应的检验；表4-91是 RSD 均值估计；表4-92是成对样本 RSD 的多重比较。

从表4-92可以看出，3个处理间，$p > 0.05$，说明3个处理间不存在显著性差异，即不同取样数量对含梗率测定没有影响。

表4-89　主体间因子

处理	N
5片	9
10片	9
15片	9

注：N为独立分组变量个数。

表4-90　主体间效应的检验

变异源	Ⅲ型平方和	自由度	均方	F	p
校正模型	12.00[a]	2	6.00	0.21	0.81
截距	5415.92	1	5415.92	193.35	0.00
处理间	12.00	2	6.00	0.21	0.81
误差	672.28	24	28.01	——	——
总计	6100.20	27	——	——	——
校正的总计	684.28	26	——	——	——

注1：因变量为RSD均值。

注2：R^2为决定系数，反应因变量的全部变异能通过回归关系被自变量解释的比例。

[a] $R^2 =0.125$（调整 $R^2 =0.052$）。

表4-91　RSD均值估计

处理	RSD均值/%	标准误差	差值的95%置信区间	
			下限	上限
5片	14.80	1.76	11.16	18.44
10片	13.24	1.76	9.60	16.88
15片	14.44	1.76	10.80	18.08

注：因变量为RSD均值。

表4-92　成对样本RSD的多重比较

（I）处理	（J）处理	均值差值（I–J）	标准误差	p[a]	差值的95%置信区间	
					下限	上限
5片	10片	1.56	2.49	0.54	−3.59	6.71
	15片	0.36	2.49	0.89	−4.79	5.51
10片	5片	−1.56	2.49	0.54	−6.71	3.59
	15片	−1.20	2.49	0.64	−6.35	3.95
15片	5片	−0.36	2.49	0.89	−5.51	4.79
	10片	1.20	2.49	0.64	−3.95	6.35

注：RSD均值LSD比较基于估算边际均值。

[a] p值，统计学中指在进行假设检验时，根据样品数据计算出来的概率值。

从图4-14中可以看出，3个处理RSD的估算边际均值中10片处理的RSD最小，其次是15片处理的RSD，5片处理的RSD最大。5片处理、10片处理与15片处理的RSD较为接近，且3个处理间无显著性差异。从试验的劳动量和样本代表性考虑，烟叶样品含梗率的测定宜采用10片烟叶样品（基准烟叶样品不应少于5片）。

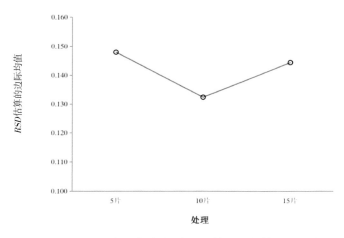

图4-14　含梗率试验3个处理的RSD估算边际均值

3. 检测方法验证

（1）含梗率的测定

采用以上确定的检测工作条件，选取下、中、上三个部位的烟叶样品进行含梗率的测定，每个等级取10片烟叶样品，测定结果如表4-93所示。

表4-93　烟叶样品含梗率的检测结果

序号	等级		
	X2F	C3F	B2F
	含梗率/%		
1	29.06	35.08	22.18
2	30.77	36.90	23.36
3	29.26	32.13	31.89
4	25.51	32.01	27.98
5	27.30	33.46	24.70
6	27.83	36.98	29.81
7	29.32	34.01	25.25
8	26.55	32.21	27.90
9	24.98	33.55	24.96
10	26.43	26.02	29.38

（2）结果分析

表4-94是不同等级烟叶样品含梗率测定结果的统计分析，通过烟叶样品含梗率的测定，对其测定结果的最小值、最大值、均值、SD、RSD和置信区间进行分析。分析显示，RSD均在12%以内，说明用本方法检测的结果稳定，平行性好。

测定结果还显示，随着部位的升高，含梗率的平均值先增大后减小，含梗率与烟叶的叶形、厚度等密切相关，随着部位的升高，烟叶的叶形由宽圆趋于尖锐，烟叶的厚度逐渐增加，单叶质量逐渐增加。因此，含梗率是先增加后减小，符合烟叶生长特性。

表4-94　烟叶样品厚度测定的数据处理结果

项目	等级		
	X2F	C3F	B2F
均值/mm	27.70	33.23	26.74
SD	1.876	3.115	3.119
RSD/%	6.77	9.37	11.66
最大值/mm	30.77	36.98	31.89
最小值/mm	24.98	26.02	22.18
样本量/片	10	10	10
置信度95%	1.34	2.23	2.23
置信区间下限/mm	26.36	31.01	24.51
置信区间上限/mm	29.04	35.46	28.97

4. 结论

（1）取样数量为5片、10片和15片处理的RSD估算边际均值较为接近，且3个处理间无显著性差异。其中，10片处理RSD的估算边际均值最小，从试验的劳动量和样本代表性考虑，烟叶样品含梗率的测定宜采用10片烟叶样品（基准烟叶样品不应少于5片）。

（2）烟叶样品含梗率测定结果分析显示，采用本方法中的检测工作条件，测定结果的科学性强、准确度高、平行性好。

第十一节 检测方法验证——拉力及抗张强度的测定

（一）【实验目的】制订《烟叶样品 拉力及抗张强度的测定 恒速拉伸法》检测方法并验证其科学性、可靠性和准确性。

（二）【实验方法】Q/YNZY(YY).J07.211—2022《烟叶样品 拉力及抗张强度的测定 恒速拉伸法》。

（三）【实验材料】烤烟烟叶样品。产地：云南曲靖；年份：2019年；品种：云烟87；等级：B2F、C3F、X2F。

（四）【实验仪器】拉力试验机：HK-202F；标准直尺：量程20 cm，分度值0.1 mm；裁切工具：开元钢制手术刀（刀片可更换）。

（五）【环境条件】调节大气环境Ⅱ：相对湿度（60.0±3.0）%、温度（22.0±1.0）℃。

（六）【方法研究及验证】

1. 样品制备

选取具有代表性的烟叶样品，按Q/YNZY(YY).J07.002—2022调节大气环境Ⅱ[相对湿度：（60.0±3.0）%，温度：（22.0±1.0）℃]的要求平衡48 h。

2. 检测工作条件研究

（1）不同取样长宽对拉力测定的影响

a）试验设计

现有测定烟叶拉力的方法大都采用GB/T 12914—2018《纸和纸板 抗张强度的测定 恒速拉伸法（20 mm/min）》中的方法进行检测，纸和纸板抗张强度的测定方法中要求测定样品长、宽较大（200 mm×15 mm），而烟叶样品由于受自身叶面积大小的限制，若按照长200 mm、宽15 mm的方式取样，多数等级将无法取样，所以不能照搬纸和纸板的检测方法。

因此，为研究《烟叶样品 拉力及抗张强度的测定 恒速拉伸法》检测方法中不同取样长宽对烟叶样品拉力测定的影响，选取C3F样品，根据叶面积大小的实际情况设计了9个不同取样长宽的处理，9个处理的试验设计与每个处理样品的实际取样量如表4-95所示。

表4-95　不同取样长宽拉力测定的试验设计

样品等级	试验号	长/mm	宽/mm	实际取样量/个
C3F	1	100	20	13
	2	100	15	10
	3	100	10	11
	4	75	20	17
	5	75	15	14
	6	75	10	11
	7	50	20	11
	8	50	15	12
	9	50	20	14

注：烟叶样品的抗张强度指标是由样品的拉力和取样宽度计算得出的，在本验证试验中以拉力指标的验证为例。

b）试验结果与分析

用拉力试验机分别测定表4-95不同取样长宽样品的拉力值，测定结果精确至0.001 N，试验结果与分析见表4-96。

表4-96　不同取样长宽拉力测定结果的统计分析

样品等级	处理/mm	拉力平均值/N	SD	RSD/%
C3F	100×20	2.942	0.920	31.28
	100×15	1.888	0.764	40.47
	100×10	1.266	0.211	16.62
	75×20	2.811	0.833	29.62
	75×15	2.536	0.833	32.86
	75×10	2.013	0.670	33.29
	50×20	3.444	0.691	20.05
	50×15	2.728	0.713	26.15
	50×10	1.846	0.398	21.53

表4-96为不同取样长宽拉力测定值的统计量描述，从结果可以看出，取样长宽为100 mm×10 mm时，烟叶样品中拉力测定结果的RSD最小，说明在上述试验处理中，采用100 mm×10 mm 的长宽取样设计最优，测得的拉力数据更稳定、平行性更好。因此，拉力及抗张强度的测定宜采用长100 mm、宽10 mm的取样条件。

（2）不同取样方向对拉力测定的影响

a）试验设计

烟叶样品由于受自身叶片生长发育和结构影响，不同取样方向测得的样品拉力值可能会有所差异。因此，为验证本方法中不同取样方向对烟叶样品拉力测定的影响，选取X2F、C3F、B2F三个等级的烟叶样品，分别沿叶片中部平行一级支脉生长方向（纵向）、垂直一级支脉方向（横向）进行取样（长100 mm，宽10 mm），试验设计与每个等级的实际取样量如表4-97所示。

表4-97　不同取样方向拉力测定的试验设计

样品等级	长×宽/mm	取样方向	实际取样/个
X2F	100×10	纵向	15
		横向	15
C3F		纵向	15
		横向	15
B2F		纵向	15
		横向	15

b）试验结果与分析

用拉力试验机分别测定上述不同取样方向样品的拉力值，测定结果精确至0.001 N，试验结果与分析见表4-98。

表4-98　不同取样方向拉力测定值的统计量描述

样品等级	取样方向	拉力平均值/N	SD	RSD/%
X2F	纵向	1.478	0.258	17.44
	横向	1.386	0.173	12.51
C3F	纵向	1.798	0.388	21.59
	横向	1.341	0.384	28.63
B2F	纵向	2.020	0.471	23.31
	横向	1.525	0.330	21.65

表4-98为不同取样长宽拉力测定值的统计量描述，从结果可以看出，取样长宽为100 mm×10 mm时，X2F、C3F、B2F三个等级烟叶样品纵向拉力的平均值均大于横向拉力，C3F和B2F烟叶样品纵向拉力与横向拉力测定值的差异大于X2F。

纵向拉力和横向拉力均可以反映烟叶表面的弹性，X2F、C3F、B2纵向和横向拉力的比值分别为1.07、1.34、1.32，比值过大或过小都影响烟叶的耐加工性，使得造碎增大。因此，烟叶样品的拉力与抗张强度宜采用同时检测烟叶的纵向和横向拉力的方式，为后续开展相关方面的研究工作奠定基础，同时给相关工作者提供一定的参考。

（3）不同取样数量对拉力测定的影响

a）试验设计

为研究《烟叶样品　拉力与抗张强度的测定　恒速拉伸法》检测方法中不同取样数量对烟叶样品拉力测定的影响，设计了不同取样叶片数试验（见表4-99），每个等级的烟叶样品分别设置3个处理，即以5片、10片、15片试样为单位进行定量指标的测定，每个处理设置3个重复。

表4-99　不同取样数量拉力试验设计

样品等级	处理	样品等级	处理	样品等级	处理
X2F	5片	C3F	5片	B2F	5片
	5片		5片		5片
	5片		5片		5片
	10片		10片		10片
	10片		10片		10片
	10片		10片		10片
	15片		15片		15片
	15片		15片		15片
	15片		15片		15片

b）试验结果与分析

将表4-99中烟叶样品分别沿纵向和横向裁切成100 mm×10 mm的长条，用拉力试验机分别测定小长条的拉力值，测定结果精确至0.001 N，试验结果与分析见表4-100：

表4-100　不同取样数量拉力测定结果的统计分析

样品等级	处理	纵向拉力			横向拉力		
		平均值/N	*SD*	*RSD*/%	平均值/N	*SD*	*RSD*/%
X2F	5片	1.806	0.264	14.63	1.279	0.345	26.96
	5片						
	5片						
	10片	1.800	0.385	21.38	1.241	0.289	23.28
	10片						
	10片						
	15片	1.763	0.369	20.93	1.175	0.338	28.75
	15片						
	15片						

表4-100（续）

样品等级	处理	纵向拉力			横向拉力		
		平均值/N	*SD*	*RSD*/%	平均值/N	*SD*	*RSD*/%
C3F	5片						
	5片	1.863	0.397	21.33	1.457	0.271	18.58
	5片						
	10片						
	10片	1.813	0.348	19.20	1.352	0.367	27.17
	10片						
	15片						
	15片	1.665	0.419	25.14	1.289	0.253	19.63
	15片						
B2F	5片						
	5片	2.177	0.451	20.74	1.760	0.480	27.30
	5片						
	10片						
	10片	2.161	0.525	24.29	1.652	0.358	21.65
	10片						
	15片						
	15片	2.075	0.474	22.83	1.481	0.400	27.04
	15片						

表4-100为不同取样数量拉力（纵向拉力与横向拉力）测定结果的统计量描述，表4-101~表4-104是对3个试验处理 *RSD* 进行的成对样本的方差分析及多重比较，表4-101是主体间因子；表4-102是主体间效应的检验；表4-103是 *RSD* 均值估计；表4-104是成对样本 *RSD* 的多重比较。

从表4-104可以看出，3个处理间，$p > 0.05$，说明3个处理间不存在显著性差异，即不同取样数量对定量测定没有影响。

表4-101　主体间因子

处理	*N*
5片	9
10片	9
15片	9

注：*N* 为独立分组变量个数。

表4-102　主体间效应的检验

颜色值	变异源	Ⅲ型平方和	df	均方	F	Sig.
纵向拉力	校正模型	56.52[a]	2	28.26	1.42	0.26
	截距	11414.91	1	11414.91	572.13	0.00
	处理	56.52	2	28.26	1.42	0.26
	误差	478.84	24	19.95	—	—
	总计	11950.27	27	—	—	—
	校正的总计	535.36	26	—	—	—

注：[a] R^2=0.106（调整 R^2=0.031）。

颜色值	变异源	Ⅲ型平方和	df	均方	F	Sig.
横向拉力	校正模型	37.95[a]	2	18.98	0.40	0.67
	截距	14586.82	1	14586.82	307.49	0.00
	处理	37.95	2	18.98	0.40	0.67
	误差	1138.54	24	47.44	—	—
	总计	15763.31	27	—	—	—
	校正的总计	1176.49	26	—	—	—

注1：因变量为 RSD 均值。

注2：R^2 为决定系数，反应因变量的全部变异能通过回归关系被自变量解释的比例。

[a] R^2=0.032（调整 R^2=-0.048）。

表4-103　RSD 均值估计

颜色值	处理	RSD 均值/%	标准误差	95% 置信区间	
				下限	上限
纵向拉力	5片	19.18	1.49	16.11	22.26
	10片	19.94	1.49	16.87	23.02
	15片	22.56	1.49	19.49	25.63
横向拉力	5片	23.61	2.30	18.87	28.34
	10片	21.64	2.30	16.91	26.38
	15片	24.48	2.30	19.74	29.22

注：因变量为 RSD 均值。

表4-104　成对样本RSD的多重比较

颜色值	（Ⅰ）处理	（J）处理	均值差值（I–J）	标准误差	p^a	差值的95%置信区间 下限	差值的95%置信区间 上限
纵向拉力	5片	10片	−0.76	2.11	0.72	−5.11	3.59
	5片	15片	−3.38	2.11	0.12	−7.72	0.97
	10片	5片	0.76	2.11	0.72	−3.59	5.11
	10片	15片	−2.62	2.11	0.23	−6.96	1.73
	15片	5片	3.38	2.11	0.12	−0.97	7.72
	15片	10片	2.62	2.11	0.23	−1.73	6.96
横向拉力	5片	10片	1.96	3.25	0.55	−4.74	8.66
	5片	15片	−0.87	3.25	0.79	−7.58	5.83
	10片	5片	−1.96	3.25	0.55	−8.66	4.74
	10片	15片	−2.84	3.25	0.39	−9.54	3.87
	15片	5片	0.87	3.25	0.79	−5.83	7.58
	15片	10片	2.84	3.25	0.39	−3.87	9.54

注：RSD均值LSD比较基于估算边际均值。

a p 值，统计学中指在进行假设检验时，根据样品数据计算出来的概率值。

从图4–15、图4–16中可以看出，3个处理RSD的估算边际均值中，纵向拉力中5片处理的RSD估算边际均值最小，横向拉力中10片处理的RSD估算边际均值最小。3个处理间的RSD较为接近，且3个处理间无显著差异。从试验的劳动量和样本代表性考虑，烟叶样品拉力及抗张强度的测定宜采用10片烟叶样品（基准烟叶样品不应少于5片）。

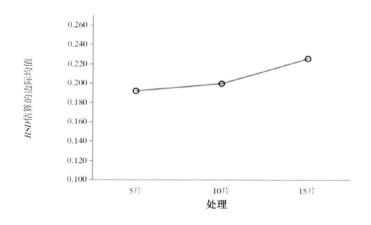

图4-15　纵向拉力试验的3个处理的RSD估算边际均值

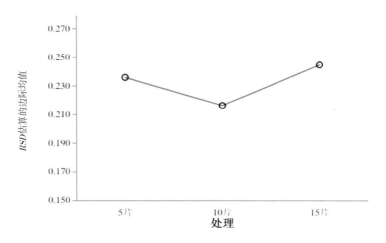

图4-16　横向拉力试验的3个处理的*RSD*估算边际均值

3. 检测方法验证

（1）拉力及抗张强度的测定

采用以上确定的检测工作条件，选取下、中、上三个部位的烟叶样品进行拉力及抗张强度的测定，每个等级取10片烟叶样品，测定结果如表4-105所示。

表4-105　烟叶样品拉力的检测结果

序号	等级					
	X2F		C3F		B2F	
	拉力/N					
	纵向拉力	横向拉力	纵向拉力	横向拉力	纵向拉力	横向拉力
1	1.609	1.354	1.147	1.57	2.109	1.109
2	1.315	1.226	1.756	1.393	2.854	1.933
3	1.510	1.344	1.589	1.098	1.864	1.207
4	1.560	1.422	2.01	1.067	2.609	1.569
5	1.452	1.363	1.707	1.399	2.001	1.423
6	1.589	1.132	1.687	1.099	1.942	1.462
7	1.383	1.187	1.805	1.049	2.158	1.042
8	2.060	1.618	2.001	1.167	2.766	1.952
9	1.089	1.305	2.403	1.618	1.520	1.246
10	1.550	1.452	1.727	1.245	1.619	2.070
注：抗张强度的计算公式为：$S=F/L_w$，其中，S为抗张强度，F为拉力值，L_w为裁切小长条的宽度。						

（2）结果分析

表4-106是不同等级烟叶样品拉力（纵向拉力和横向拉力）测定结果的统计分析，通过烟叶样品纵向拉力与横向拉力的测定，对其测定结果的最小值、最大值、SD、RSD和置信区间进行分析。分析显示，RSD均在25%以内，说明用本方法检测的结果稳定，平行性好。

结果还显示，各个部位的纵向拉力值均大于横向拉力，且随着部位的升高，烟叶样品的拉力值总体呈上升趋势。

表4-106 烟叶拉力值的数据处理结果

序号	等级					
	X2F		C3F		B2F	
	拉力					
	纵向拉力	横向拉力	纵向拉力	横向拉力	纵向拉力	横向拉力
SD	0.249	0.141	0.324	0.212	0.461	0.371
RSD/%	16.46	10.50	18.17	16.66	21.50	24.74
最大值/N	2.060	1.618	2.403	1.618	2.854	2.070
最小值/N	1.089	1.132	1.147	1.049	1.520	1.042
样本量/片	10	10	10	10	10	10
置信度95%	0.178	0.101	0.232	0.151	0.330	0.266
95%置信区间下限/N	1.334	1.240	1.551	1.119	1.814	1.236
95%置信区间上限/N	1.690	1.441	2.015	1.422	2.474	1.767

4.结论

（1）不同取样长宽对拉力测定有一定的影响，当裁切长度为100 mm、宽度为10 mm时，拉力检测的RSD最小，结果稳定、平行性好，烟叶样品拉力的测定宜裁切成长宽为100 mm×10 mm的小长条。

（2）纵向拉力和横向拉力均可以反映烟叶表面的弹性，实验表明烟叶样品的纵向和横向拉力有一定的差异性，不同部位之间纵向和横向拉力的比值差异也较大。因此，烟叶样品拉力的测定宜同时检测烟叶的纵向和横向拉力。

（3）取样数量为5片、10片和15片处理的RSD估算边际均值较为接近，且3个处理间无显著性差异，其中，纵向拉力中5片处理的RSD估算边际均值最小，横向拉力中10片处理的RSD估算边际均值最小，从试验的劳动量和样本代表性考虑，烟叶样品拉力的测定宜采用10片烟叶样品（基准烟叶样品不应少于5片）。

（4）烟叶样品拉力测定结果分析显示，采用本方法中的检测工作条件，测定结果的科学性强、准确度高、平行性好。

第十二节 检测方法验证——烟丝填充值的测定

（一）【实验目的】制订《烟叶样品　烟丝填充值的测定》检测方法并验证其科学性、可靠性和准确性。

（二）【实验方法】Q/YNZY(YY).J07.212—2022《烟叶样品　烟丝填充值的测定》。

（三）【实验材料】烤烟烟叶样品。产地：云南曲靖；年份：2019年；品种：云烟87；等级：B2F、C3F、X2F。

（四）【实验仪器】切丝机：众杰 QS–5AD，切丝宽度：0.80 mm ± 0.05 mm；烟丝填充值测定仪：RH–YC152；天平：分度值为0.01 g；标准量块：高度准确度为0.01 mm；标准砝码：压力值准确度为0.01 N。

（五）【环境条件】调节大气环境Ⅱ：相对湿度（60.0 ± 3.0）%、温度（22.0 ± 1.0）℃。

（六）【方法研究及验证】

1.样品制备

选取具有代表性的烟叶样品，按Q/YNZY(YY).J07.002—2022调节大气环境Ⅱ[相对湿度：（60.0 ± 3.0）%，温度：（22.0 ± 1.0）℃]的要求平衡48 h。

2.检测工作条件研究

（1）不同测定次数对填充值测定的影响

a）试验设计

为研究《烟叶样品　烟丝填充值的测定》检测方法中不同测定次数对烟叶样品填充值测定的影响，设计了不同测定次数的试验（见表4–107），每个等级（云南曲靖X2F、C3F、B2F）分别设置4个处理，即1次、3次、5次、7次不同平行测定次数进行烟叶样品填充值的测定，每个处理设置3个重复。

表4-107　不同测定次数填充值测定的试验设计

样品等级	处理	样品等级	处理	样品等级	处理
X2F	1次	C3F	1次	B2F	1次
	1次		1次		1次
	1次		1次		1次
	3次		3次		3次
	3次		3次		3次
	3次		3次		3次
	5次		5次		5次
	5次		5次		5次
	5次		5次		5次
	7次		7次		7次
	7次		7次		7次
	7次		7次		7次

b）试验结果与分析

将烟叶样品切成宽度为 0.80 mm ± 0.05 mm 的烟丝，称取 15.0 g 的试样（精确至 ± 0.1 g），用烟丝填充值测定仪分别测定上述不同处理试验样品的填充值，测定结果精确至 0.01 cm³/g，试验结果与分析见表4–108。

表4-108　不同测定次数填充值测定结果的统计分析

样品等级	处理	填充值平均值/（cm³/g）	SD	RSD/%
X2F	1次			
	1次	3.14	0.075	2.39
	1次			
	3次			
	3次	3.12	0.065	2.08
	3次			
	5次			
	5次	3.15	0.075	2.32
	5次			
	7次			
	7次	3.08	0.047	1.53
	7次			

表4-108（续）

样品等级	处理	填充值平均值/（cm³/g）	SD	RSD/%
C3F	1次			
	1次	3.20	0.090	2.80
	1次			
	3次			
	3次	3.17	0.046	1.47
	3次			
	5次			
	5次	3.22	0.068	2.15
	5次			
	7次			
	7次	3.10	0.066	2.14
	7次			
B2F	1次			
	1次	3.16	0.081	2.57
	1次			
	3次			
	3次	3.20	0.027	0.85
	3次			
	5次			
	5次	3.18	0.049	1.56
	5次			
	7次			
	7次	3.25	0.105	3.23
	7次			

　　表4-108为不同测定次数填充值测定结果的统计分析，其中，X2F取样7次测定的RSD最小、C3F取样3次测定的RSD最小、B2F取样3次测定的RSD最小，且4个处理间填充值测定的RSD均较小，都在5%以内。

　　从结果可以看出，X2F、C3F、B2F三个重复样品间填充值的平均值分别为3.12 cm³/g、3.17 cm³/g、3.20 cm³/g，与试验设计3次测定的结果最为接近，并从试验的劳动量考虑，烟叶样品烟丝填充值的测定每个样品宜采取3次平行试验，以3次测定结果的平均值作为该烟叶样品的填充值。

（2）不同取样数量对填充值测定的影响

a）试验设计

为研究《烟叶样品　烟丝填充值的测定》检测方法中不同取样数量对烟叶样品填充值测定的影响，设计了不同取样叶片数试验（见表4-109），每个等级的烟叶样品分别设置3个处理，即以5片、10片、15片试样为单位进行填充值指标的测定，每个处理设置3个重复。

表4-109　不同取样数量填充值试验设计

样品等级	处理	样品等级	处理	样品等级	处理
X2F	5片	C3F	5片	B2F	5片
	5片		5片		5片
	5片		5片		5片
	10片		10片		10片
	10片		10片		10片
	10片		10片		10片
	15片		15片		15片
	15片		15片		15片
	15片		15片		15片

b）试验结果与分析

用切丝机将表4-109中烟叶样品分别切成宽度为0.80 mm ± 0.05 mm的烟丝，称取15.0 g的试样（精确至 ± 0.1 g），用烟丝填充值测定仪分别测定上述烟叶样品的填充值，测定结果精确至0.01 cm³/g，试验结果与分析见表4-110。

表4-110　不同测定次数填充值测定结果的统计分析

样品等级	处理	填充值平均值 /（cm³/g）	SD	RSD/%
X2F	5片	3.12	0.18	5.83
	5片			
	5片			
	10片	3.04	0.13	4.28
	10片			
	10片			
	15片	3.01	0.05	1.79
	15片			
	15片			
C3F	5片	3.22	0.04	1.36
	5片			
	5片			
	10片	3.17	0.05	1.51
	10片			
	10片			
	15片	3.02	0.05	1.62
	15片			
	15片			
B2F	5片	3.35	0.24	7.11
	5片			
	5片			
	10片	3.18	0.07	2.19
	10片			
	10片			
	15片	3.29	0.10	3.10
	15片			
	15片			

表4-110为不同取样数量填充值测定结果的统计分析，其中，X2F取样15片 *RSD* 最小、C3F取样5片 *RSD* 最小、B2F取样10片 *RSD* 最小。

表4-111～表4-114是对3个试验处理 *RSD* 进行的成对样本的方差分析及多重比较，表4-111是主体间因子；表4-112是主体间效应的检验；表4-113是 *RSD* 均值估计；表4-114是成对样本 *RSD* 的多重比较。

从表4-114可以看出，3个处理间，$p > 0.05$，说明3个处理间不存在显著性差异，即不同取样数量对填充值测定没有影响。

表4-111　主体间因子

处理	N
5片	9
10片	9
15片	9

注：N 为独立分组变量个数。

表4-112　主体间效应的检验

变异源	Ⅲ型平方和	自由度	均方	F	p
校正模型	3.63[a]	2	1.82	1.26	0.30
截距	46.70	1	46.70	32.51	0.00
处理间	3.63	2	1.82	1.26	0.30
误差	34.48	24	1.44	—	—
总计	84.81	27	—	—	—
校正的总计	38.11	26	—	—	—

注1：因变量为 *RSD* 均值。

注2：R^2 为决定系数，反应因变量的全部变异能通过回归关系被自变量解释的比例。

[a] $R^2 = 0.095$（调整 $R^2 = 0.020$）。

表4-113　 *RSD* 均值估计

处理	*RSD* 均值/%	标准误差	差值的95%置信区间	
			下限	上限
5片	1.69	0.40	0.86	2.51
10片	1.44	0.40	0.62	2.27
15片	0.82	0.40	−0.01	1.64

注：因变量为 *RSD* 均值。

表4-114 成对样本*RSD*的多重比较

（I）处理	（J）处理	均值差值（I-J）	标准误差	p^a	差值的95%置信区间	
					下限	上限
5片	10片	0.24	0.57	0.67	-0.93	1.41
	15片	0.87	0.57	0.14	-0.30	2.04
10片	5片	-0.24	0.57	0.67	-1.41	0.93
	15片	0.63	0.57	0.28	-0.54	1.80
15片	5片	-0.87	0.57	0.14	-2.04	0.30
	10片	-0.63	0.57	0.28	-1.80	0.54
注：*RSD*均值LSD比较基于估算边际均值。						
^{a} *p*值，统计学中指在进行假设检验时，根据样品数据计算出来的概率值。						

从图4-17中可以看出，3个处理*RSD*的估算边际均值中15片处理的*RSD*最小，其次是10片处理的*RSD*，5片处理的*RSD*最大，5片处理、10片处理与15片处理的*RSD*较为接近，且3个处理间无显著性差异。从试验的劳动量和样本代表性考虑，烟叶样品烟丝填充值的测定宜采用10片烟叶样品（基准烟叶样品不应少于5片）。

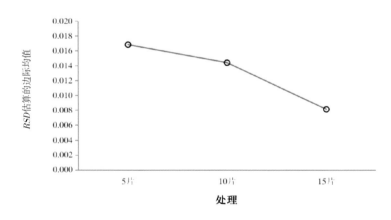

图4-17 填充值试验3个处理的*RSD*估算边际均值

3. 检测方法验证

（1）烟丝填充值的测定

采用以上确定的检测工作条件，选取下、中、上三个部位的烟叶样品进行长度的测定，每个等级取10片烟叶样品，测定结果如表4-115所示。

表4-115　烟叶样品填充值的检测结果

序号	等级		
	X2F	C3F	B2F
	填充值/（cm³/g）		
1	2.37	3.56	3.28
2	2.27	3.44	3.15
3	2.32	3.49	3.20

（2）结果分析

表4-116是不同等级烟叶样品填充值测定结果的统计分析，通过烟叶样品烟丝填充值的测定，对其测定结果的最小值、最大值、均值、SD、RSD进行分析。分析显示，RSD均在3%以内，说明用本方法检测的结果稳定，平行性好。

表4-116　烟叶样品烟丝填充值的数据处理结果

项目	填充值		
	X2F	C3F	B2F
均值/（cm³/g）	2.32	3.50	3.21
SD	0.050	0.060	0.066
RSD/%	2.16	1.72	2.04
最大值/（cm³/g）	2.37	3.56	3.28
最小值/（cm³/g）	2.27	3.44	3.15

4. 结论

（1）不同测定次数填充值测定结果显示，3次测定的RSD最小且与三个重复样品间填充值的总平均值最为接近，烟叶样品烟丝填充值的测定每个样品宜采取3次平行试验，以3次测定结果的平均值作为该烟叶样品的填充值。

（2）取样数量为5片、10片和15片处理的RSD估算边际均值均较小，且3个处理间无显著性差异。从试验的劳动量和样本代表性考虑，烟叶样品烟丝填充值的测定宜采用10片烟叶样品（基准烟叶样品不应少于5片）。

（3）烟叶样品填充值测定结果分析显示，采用本方法中的检测工作条件，测定结果的科学性强、准确度高、平行性好。

第十三节　检测方法验证——卷烟自由燃烧速度的测定

（一）【实验目的】制订《烟叶样品　卷烟自由燃烧速度的测定》检测方法并验证其科学性、可靠性和准确性。

（二）【实验方法】Q/YNZY(YY).J07.213—2022《烟叶样品　卷烟自由燃烧速度的测定》。

（三）【实验材料】烤烟烟叶样品。产地：云南曲靖；年份：2019年；品种：云烟87；等级：B2F、C3F、X2F。

（四）【实验仪器】JRV-3卷烟自由燃烧速度检测仪；卷烟器：德国GIZEH；空烟管（滤嘴长度：15 mm，直径：8 mm）。

（五）【环境条件】调节大气环境Ⅱ：相对湿度（60.0 ± 3.0）%、温度（22.0 ± 1.0）℃。

（六）【方法研究及验证】

1. 样品制备

选取具有代表性的烟叶样品，按Q/YNZY(YY).J07.002—2022调节大气环境Ⅱ[相对湿度：（60.0 ± 3.0）%，温度：（22.0 ± 1.0）℃]的要求平衡48 h。

2. 检测工作条件研究

（1）不同测定次数对卷烟自由燃烧速度测定的影响

a）试验设计

为研究《烟叶样品　卷烟自由燃烧速度的测定》检测方法中不同测定次数对烟叶样品卷烟自由燃烧速度测定的影响，设计了不同测定次数的试验，选取C3F等级烟叶样品，设置4个处理，即1次、3次、5次、7次不同平行测定次数进行卷烟自由燃烧速度的测定，每个处理设置3个重复。

b）试验结果与分析

将烟叶样品切成宽度为0.80 mm ± 0.05 mm的烟丝，并用卷烟器和空烟管将烟丝制作成卷烟（卷烟长度78 mm，烟丝克重1.0 g ± 0.01 g），用JRV-3卷烟自由燃烧速度检测仪分别测定上述不同处理试验样品的卷烟自由燃烧速度，测定结果精确至0.01 mm/min，试验结果与分析如表4-117。

表4-117 卷烟自由燃烧速度测定——不同测定次数结果的统计分析

样品等级	处理	卷烟自由燃烧速度平均值/（mm/min）	SD	RSD/%
C3F	1次	2.51	0.165	6.57
	1次			
	1次			
	3次	2.64	0.119	4.60
	3次			
	3次			
	5次	2.71	0.107	3.98
	5次			
	5次			
	7次	2.64	0.149	5.65
	7次			
	7次			

表4-117为不同测定次数卷烟自由燃烧速度测定结果的统计分析，其中，5次测定的RSD最小，3次测定的RSD次之，1次测定的RSD最大，3次测定与5次测定之间RSD较接近且均在5%以内。

从结果可以看出，3个重复样品间卷烟自由燃烧速度的总平均值为2.63 mm/min，与试验设计3次测定与7次测定的结果最为接近，结合试验的劳动量，烟叶样品卷烟自由燃烧速度的测定每个样品宜进行3次平行试验，以3次测定结果的平均值作为该烟叶样品的卷烟自由燃烧速度。

（2）不同取样数量对卷烟自由燃烧速度测定的影响

a）试验设计

为研究《烟叶样品 卷烟自由燃烧速度的测定》检测方法中不同取样数量对烟叶样品卷烟自由燃烧速度测定的影响，设计了不同取样叶片数试验（见表4-118），每个等级的烟叶样品分别设置5个处理，即以1片、3片、5片、10片、15片试样为单位进行卷烟自由燃烧速度指标的测定，每个处理设置3个重复。

表4-118 卷烟自由燃烧速度测定——不同取样数量试验设计

样品等级	处理	样品等级	处理	样品等级	处理
X2F	1片	C3F	1片	B2F	1片
	1片		1片		1片
	1片		1片		1片
	3片		3片		3片
	3片		3片		3片
	3片		3片		3片
	5片		5片		5片
	5片		5片		5片
	5片		5片		5片
	10片		10片		10片
	10片		10片		10片
	10片		10片		10片
	15片		15片		15片
	15片		15片		15片
	15片		15片		15片

b）试验结果与分析

用切丝机将表4-118中烟叶样品分别切成宽度为0.80 mm±0.05 mm的烟丝，并用卷烟器和空烟管将烟丝制作成卷烟（卷烟长度78 m，烟丝克重1.0 g±0.01 g），用JRV-3卷烟自由燃烧速度检测仪分别测定表4-118不同处理试验样品的卷烟自由燃烧速度，测定结果精确至0.01 mm/min，试验结果与分析见表4-119。

表4-119 卷烟自由燃烧速度测定——不同取样数量结果的统计分析

样品等级	处理	卷烟自由燃烧速度平均值/（mm/min）	SD	RSD/%
X2F	1片	2.73	0.16	5.79
	1片			
	3片	2.64	0.10	3.70
	3片			
	3片			
	5片	2.74	0.13	4.91
	5片			
	5片			

表4-119（续）

样品等级	处理	卷烟自由燃烧速度平均值/（mm/min）	SD	RSD/%
X2F	10片			
	10片	2.73	0.10	3.78
	10片			
	15片			
	15片	2.78	0.20	7.33
	15片			
C3F	1片			
	1片	2.71	0.22	8.06
	1片			
	3片			
	3片	2.57	0.08	3.28
	3片			
	5片			
	5片	2.70	0.16	5.78
	5片			
	10片			
	10片	2.62	0.08	3.09
	10片			
	15片			
	15片	2.81	0.075	2.67
	15片			
B2F	1片			
	1片	2.65	0.17	6.24
	1片			
	3片			
	3片	2.70	0.17	6.11
	3片			
	5片			
	5片	2.67	0.13	4.84
	5片			
	10片			
	10片	2.68	0.10	3.57
	10片			
	15片			
	15片	2.72	0.16	6.01
	15片			

表4-119为不同取样数量卷烟自由燃烧速度测定结果的统计分析，其中，X2F取样3片 RSD 最小、C3F取样15片 RSD 最小、B2F取样10片 RSD 最小。

表4-120~表4-123是对5个试验处理 RSD 进行的成对样本的方差分析及多重比较，表4-120是主体间因子；表4-121是主体间效应的检验；表4-122是 RSD 均值估计；表4-123是成对样本 RSD 的多重比较。

从表4-123可以看出，1片处理与其他处理间， $p < 0.05$ ，说明这1片处理与其他处理间存在显著性差异；3片、5片、10片与15片处理， $p > 0.05$ ，说明3片、5片、10片与15片处理间不存在显著性差异。

表4-120　主体间因子

处理	N
1片	9
3片	9
5片	9
10片	9
15片	9
注： N 为独立分组变量个数。	

表4-121　主体间效应的检验

变异源	Ⅲ型平方和	自由度	均方	F	p
校正模型	42.41[a]	4	10.60	2.83	0.04
截距	701.88	1	701.88	187.11	0.00
处理间	42.41	4	10.60	2.83	0.04
误差	150.05	40	3.75	—	—
总计	894.34	45	—	—	—
校正的总计	192.46	44	—	—	—

注1：因变量为 RSD 均值。

注2： R^2 为决定系数，反应因变量的全部变异能通过回归关系被自变量解释的比例。

[a] $R^2 = 0.220$ （调整 $R^2 = 0.142$ ）。

表4-122　RSD 均值估计

处理	RSD 均值/%	标准误差	差值的95%置信区间	
			下限	上限
1片	5.77	0.65	4.46	7.07
3片	3.61	0.65	2.31	4.92
5片	3.86	0.65	2.56	5.16
10片	2.85	0.65	1.55	4.16
15片	3.66	0.65	2.35	4.96

注：因变量为 RSD 均值。

表4-123　成对样本*RSD*的多重比较

（I）处理	（J）处理	均值差值（I-J）	标准误差	p^a	差值的95%置信区间	
					下限	上限
1片	3片	2.16	0.91	0.02	0.31	4.00
	5片	1.91	0.91	0.04	0.06	3.75
	10片	2.91	0.91	0.00	1.07	4.76
	15片	2.11	0.91	0.03	0.27	3.96
3片	1片	−2.16	0.91	0.02	−4.00	−0.31
	5片	−0.25	0.91	0.79	−2.09	1.60
	15片	−0.04	0.91	0.96	−1.89	1.80
5片	1片	−1.91	0.91	0.04	−3.75	−0.06
	3片	0.25	0.91	0.79	−1.60	2.09
	10片	1.01	0.91	0.28	−0.84	2.85
	15片	0.20	0.91	0.82	−1.64	2.05
10片	1片	−2.91	0.91	0.00	−4.76	−1.07
	3片	−0.76	0.91	0.41	−2.60	1.09
	5片	−1.01	0.91	0.28	−2.85	0.84
	15片	−0.80	0.91	0.38	−2.65	1.04
15片	1片	−2.11	0.91	0.03	−3.96	−0.27
	3片	0.04	0.91	0.96	−1.80	1.89
	5片	−0.20	0.91	0.82	−2.05	1.64
	10片	0.80	0.91	0.38	−1.04	2.65
注：*RSD*均值LSD比较基于估算边际均值。						
[a] *p*值，统计学中指在进行假设检验时，根据样品数据计算出来的概率值。						

从图4-18中可以看出，5个处理的*RSD*的估算边际均值随着叶片数的增加呈现波浪式下降趋势，其中10片处理的*RSD*均值最小，1片处理的*RSD*均值最大，3片、5片、15片处理*RSD*均值较为接近。从试验的劳动量和样本代表性考虑，烟叶样品卷烟自由燃烧速度的测定宜采用10片烟叶样品（基准烟叶样品不应少于5片）。

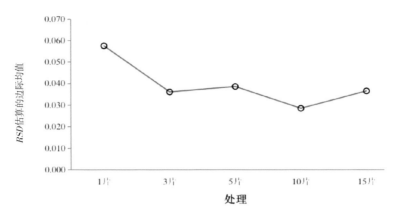

图4-18 卷烟自由燃烧速度试验5个处理的RSD估算边际均值

3. 检测方法验证

（1）卷烟自由燃烧速度的测定

采用以上确定的检测工作条件，选取下、中、上三个部位的烟叶样品进行卷烟自由燃烧速度的测定，每个等级取10片烟叶样品，测定结果如表4-124所示。

表4-124 烟叶样品卷烟自由燃烧速度的检测结果

序号	等级		
	X2F	C3F	B2F
	卷烟自由燃烧速度/（mm/min）		
1	2.35	2.63	2.45
2	2.54	2.52	2.62
3	2.49	2.46	2.54

（2）结果分析

表4-125是不同等级烟叶样品卷烟自由燃烧速度测定结果的统计分析，通过烟叶样品卷烟自由燃烧速度的测定，对其测定结果的最小值、最大值、均值、SD、RSD和置信区间进行分析。分析显示，RSD均在4%以内，说明用本方法检测的结果稳定，平行性好。

表4-125 烟叶样品卷烟自由燃烧速度的数据处理结果

项目	等级		
	X2F	C3F	B2F
	卷烟自由燃烧速度		
均值/（mm/min）	2.46	2.54	2.54
SD	0.098	0.086	0.085
RSD/%	4.00	3.40	3.35
最大值/（mm/min）	2.54	2.63	2.62
最小值/（mm/min）	2.35	2.46	2.45

4. 结论

（1）不同测定次数卷烟自由燃烧速度测定的结果显示，3次测定的 RSD 较小且与3个重复样品间卷烟自由燃烧速度的总平均值最为接近，结合试验的劳动量、烟叶样品卷烟自由燃烧速度的测定，每个样品宜进行3次平行试验，以3次测定结果的平均值作为该烟叶样品的卷烟自由燃烧速度。

（2）取样数量1片、3片、5片、10片和15片处理中，1片处理与其他处理间存在显著性差异，3片、5片、10片与15片处理间不存在显著性差异，10片处理的 RSD 估算边际均值均最小，从试验的劳动量和样本代表性考虑，烟叶样品卷烟自由燃烧速度的测定宜采用10片烟叶样品（基准烟叶样品不应少于5片）。

（3）烟叶样品卷烟自由燃烧速度测定结果分析显示，采用本方法中的检测工作条件，测定结果的科学性强、准确度高、平行性好。

第十四节　检测方法验证——热水可溶物的测定

（一）【实验目的】制订《烟叶样品　热水可溶物的测定》检测方法并验证其科学性、可靠性和准确性。

（二）【实验方法】Q/YNZY(YY).J07.214—2022《烟叶样品　热水可溶物的测定》。

（三）【实验材料】烤烟烟叶样品。产地：云南曲靖；年份：2019年；品种：云烟87；等级：B2F、C3F、X2F。

（四）【实验仪器】热水可溶物提取器：吉诺GCM-822W-W；切丝机：众杰QS-5AD（切丝宽度：0.80 mm ± 0.05 mm）；精密烘箱（Memmert D24102，控温范围：20.0 ℃ ~250.0 ℃，温控误差 ± 1.0 ℃）；试验筛：40目。

（五）【环境条件】调节大气环境Ⅱ：相对湿度（60.0 ± 3.0）%、温度（22.0 ± 1.0）℃。

（六）【方法研究及验证】

1. 样品制备

选取具有代表性的烟叶样品，每片烟叶沿主脉分别剪成两个半叶，任取其中一个半叶，切成宽度为0.80 mm ± 0.05 mm的烟丝，并过40目的试验筛，按Q/YNZY(YY).J07.002—2022调节大气环境Ⅱ[相对湿度：（60.0 ± 3.0）%，温度：（22.0 ± 1.0）℃]的要求平衡48 h。

2. 样品水分检测

将上述烟丝混匀，按照四分法称取2.0 g烟丝样品，精确至0.001 g，按Q/YNZY(YY).J07.202—2022《烟叶样品　平衡含水率的测定　烘箱法》方法进行样品水分的检测。

3. 检测工作条件研究

（1）试验设计

为制订《烟叶样品　热水可溶物的测定》检测方法的主要工作条件，需重点研究冲水量、烟丝质量、冲水杯数三因素对烟叶样品热水可溶物测定结果的影响，因而，设计了三因素三水平试验（见表4-126）来进行检验。

表4-126　正交试验设计表——热水可溶物的测定

序号	因素		
	A 冲水量/mL	B 烟丝质量/g	C 冲水杯数（以500 mL每杯计）
1	100	1.0	3
2	250	1.5	4
3	500	2.0	5

（2）试验结果

根据表1的试验设计，用热水可溶物提取器冲淋烟丝样品，之后将剩余烟丝烘干至恒重（100.0℃±1.0℃，2 h），根据试样的平衡含水率计算出热水可溶物的含量，结果精确至0.01%，试验结果如表4-127所示。

表4-127　正交试验结果——烟叶样品热水可溶物的测定

序号	因素			
	A 冲水量/mL	B 烟丝质量/g	C 冲水杯数（以500mL每杯计）	热水可溶物/%
1	100	1.0	3	54.61
2	100	1.5	4	57.62
3	100	2.0	5	59.07
4	250	1.0	4	58.16
5	250	1.5	5	58.23
6	250	2.0	3	57.64
7	500	1.0	5	58.50
8	500	1.5	3	52.97
9	500	2.0	4	58.16

（3）结果分析

根据三水平三因素的正交试验结果，得出正交试验的极差结果，如表4-128所示。

表4-128　正交试验极差结果——烟叶样品热水可溶物的测定

项目	因素		
	A 冲水量/mL	B 烟丝质量/g	C 冲水杯数（以500mL每杯计）
$K1$	171.308	171.270	165.230
$K2$	174.033	168.831	173.938
$K3$	169.631	174.871	175.805
$k1=（K1/3）$	57.103	57.090	55.077
$k2=（K2/3）$	58.011	56.277	57.979
$k3=（K3/3）$	56.544	58.290	58.602
极差R	1.467	2.013	3.525
极限检测	250	1.5	7

根据正交试验极差结果进行分析：

（1）直观分析法：根据极限检测结果，取1.5 g烟丝，用250 mL冲水量冲淡至流出液为无色（共7杯）检测出热水可溶物的值为59.15%，从正交试验表中可以看出，试验3的检测值为59.07%，与极限检测值最为接近。

（2）各水平极差分析：极差越大，说明这个因素的水平改变对试验指标的影响越大，从极差分析结果可以看出，所选定的三个因素对本试验结果的影响程度从大到小依次：C（冲水杯数）、B（烟丝质量）、A（冲水量），即冲水杯数对试验结果的影响最大，最优方案为A2、B3、C3，与此结果比较接近的是第3号试验。

综上所述，烟叶样品热水可溶物的测定宜选择以下试验条件：烟丝质量为2g，冲水量为100 mL，冲洗杯数为5杯（500 mL/杯）。

4. 热水可溶物的测定

（1）检测结果

采用以上确定的工作条件，选取下、中、上三个部位的烟叶样品分别进行热水可溶物的测定，每组实验设3个平行样，试验前先将切成烟丝的烟叶样品按照四分法混匀，然后称取2.0 g烟丝样品，精确至0.001，测定结果如表4-129所示。

表4-129 烟叶样品热水可溶物的测定值

试验序号	X2F	C3F	B2F
1-1	66.49%	64.75%	60.24%
1-2	64.97%	64.11%	60.64%
1-3	63.13%	63.17%	60.64%

（2）结果分析

表4-130是烟叶样品热水可溶物测定结果的统计分析，通过烟叶样品热水可溶物的测定，对其测定结果的最小值、最大值、均值、SD、RSD进行分析。分析显示，RSD均在1%以内，说明用本方法检测的结果稳定，平行性好。

表4-130 烟叶样品热水可溶物的测定值统计量描述

样品等级	项目					
	观察值个数	最小值/%	最大值/%	均值/%	SD	RSD/%
X2F	3	63.13	66.49	64.86	0.017	2.59
C3F	3	63.17	64.75	64.01	0.008	1.24
B2F	3	60.24	60.64	60.51	0.002	0.38

5. 结论

（1）正交试验结果分析显示，烟叶样品热水可溶物的测定宜选择烟丝质量为2 g，冲水量为100 mL，冲洗杯数为5杯（500 mL/杯）的检测工作条件。

（2）烟叶样品热水可溶物测定结果分析显示，采用本方法中的检测工作条件，测定结果的科学性强、准确度高、平行性好。

第五章

检测与评价规程

第一节 概述

为有效利用并充分节约烟叶样品资源，尽可能使烟叶样品主要理化检测与评价指标全覆盖，按无损检测在前、有损检测在后的原则，科学设计了本章中检测与评价规程和流程，对烟叶样品外观质量、图像、主要理化成分、内在感官质量等技术指标按本章中规定的流程依次分别进检测和评价。

首先，按 Q/YNZY(YY).J07.002—2022《烟叶样品 调节和测试的大气环境》中的大气环境Ⅰ进行烟叶样品的外观质量评价与图像采集工作；按大气环境Ⅱ进行烟叶样品的理化指标检测与内在感官质量评价工作。然后，按照外观质量评价、图像采集、物理特性检测、内在感官质量评价、常规化学成分测定的顺序进行烟叶样品的检测与评价。

其中，无损检测与评价指标包含外观质量评价、图像采集以及物理特性检测指标中的颜色值、长度、宽度与开片度、叶尖夹角、单叶质量；有损检测与评价指标包含拉力及抗张强度、含梗率、厚度、定量、烟丝填充值、平衡含水率、热水可溶物、卷烟自由燃烧速度、内在感官质量评价以及常规化学成分，最大化利用烟叶样品资源，使各检测与评价指标全覆盖。

第二节 烟叶样品 检测与评价规程

1 范围

本方法规定了烟叶样品外观质量及理化成分的技术检测与评价规程。

本方法适用于烟叶样品。

2 规范性引用文件

下列文件中的内容通过文中的规范性引用而构成本文件必不可少的条款。其中，注日期的引用文件，仅该日期对应的版本适用于本文件；不注日期的引用文件，其最新版本（包括所有的修改单）适用于本文件。

Q/YNZY(YY).J07.002—2022 烟叶样品 调节和测试的大气环境

Q/YNZY(YY).J07.101—2022 烟叶样品 外观质量评价方法

Q/YNZY(YY).J07.201—2022 烟叶样品 颜色值的测定 色差仪检测法

Q/YNZY(YY).J07.202—2022 烟叶样品 平衡含水率的测定 烘箱法

Q/YNZY(YY).J07.204—2022 烟叶样品 长度的测定

Q/YNZY(YY).J07.205—2022 烟叶样品 宽度与开片度的测定

Q/YNZY(YY).J07.206—2022 烟叶样品 叶尖夹角的测定

Q/YNZY(YY).J07.207—2022 烟叶样品 单叶质量的测定

Q/YNZY(YY).J07.208—2022 烟叶样品 叶片厚度的测定

Q/YNZY(YY).J07.209—2022 烟叶样品 定量、叶面密度与松厚度的测定

Q/YNZY(YY).J07.210—2022 烟叶样品 含梗率的测定

Q/YNZY(YY).J07.211—2022 烟叶样品 拉力及抗张强度的测定 恒速拉伸法

Q/YNZY(YY).J07.212—2022 烟叶样品 烟丝填充值的测定

Q/YNZY(YY).J07.213—2022 烟叶样品 卷烟自由燃烧速度的测定

Q/YNZY(YY).J07.214—2022 烟叶样品 热水可溶物的测定

Q/YNZY(YY).J07.401—2022 烟叶样品 内在感官质量评价方法

3 术语和定义

Q/YNZY(YY).J07.101—2022~Q/YNZY(YY).J07.401—2022界定的术语和定义适用

于本文件。

4 原则

因烟叶样品资源有限，以有效利用并充分节约烟叶样品资源为前提，按无损检测在前、有损检测在后的原则，科学设计本检测与评价规程和流程，对烟叶样品外观质量、图像、主要理化成分、内在感官质量等技术指标按以下规定的流程和标准依次分别进行检测和评价（烟叶样品检测与评价流程详见附录1，检测与评价标准详见附录2）。

5 检测与评价规则与流程

5.1 调节与测试大气环境

按Q/YNZY(YY).J07.002—2022《烟叶样品 调节和测试的大气环境》中的大气环境I进行烟叶样品的外观质量评价与图像采集工作；按大气环境Ⅱ进行烟叶样品的理化指标检测与内在感官质量评价工作。

5.2 外观质量评价

依据Q/YNZY(YY).J07.101—2022《烟叶样品 外观质量评价方法》，按照定性描述和定量打分的方式对烟叶外观质量进行评价。

5.3 图像采集

选取完整度高、代表性强的烟叶样品，依据Q/YNZY(YY).J07.102—2022《烟叶样品 高清平面图像采集方法》和Q/YNZY(YY).J07.103—2022《烟叶样品 三维立体图像采集方法》，采集烟叶样品的高清平面和三维立体图像。

5.4 物理指标检测

5.4.1 烟叶颜色值的测定

依据Q/YNZY(YY).J07.201—2022《烟叶样品 颜色值的测定 色差仪检测法》进行检测。将烟叶样品平放在标准分级工作台上，手持色差仪垂直接触烟叶样品表面进行颜色值的测定，每片烟叶取6个点，分别测定其L、a、b值，结果精确至0.01。

5.4.2 烟叶长度测定

依据Q/YNZY(YY).J07.204—2022《烟叶样品 长度的测定》方法进行检测。用标准钢尺测定平衡好的烟叶样品长度，叶片长度的平均值为该烟叶样品的长度，结果精确至 0.01 cm。

5.4.3 烟叶宽度与开片度测定

依据 Q/YNZY(YY).J07.205—2022《烟叶样品　宽度与开片度的测定》方法进行检测。用标准钢尺测定平衡好的烟叶样品宽度，叶片宽度的平均值为该烟叶样品的宽度，结果精确至 0.01 cm，用叶宽和叶长的比值计算开片度，结果精准至 0.1%。

5.4.4 叶尖夹角测定

依据 Q/YNZY(YY).J07.206—2022《烟叶样品　叶尖夹角的测定》方法进行检测。用标准量角器逐片测量每片烟叶样品叶尖的夹角，夹角的平均值为该等级烟叶样品的叶尖夹角，结果精确至 0.1°。

5.4.5 单叶质量测定

依据 Q/YNZY(YY).J07.207—2022《烟叶样品　单叶质量的测定》方法进行检测。用 1/100 电子天平测定平衡好的烟叶样品质量，测量结果的平均值为该烟叶样品的单叶质量，结果精确至 0.01g。

5.4.6 拉力及抗张强度测定

依据 Q/YNZY(YY).J07.211—2022《烟叶样品　拉力及抗张强度的测定　恒速拉伸法》进行检测。在烟叶的最宽处沿着支脉平行方向（纵向取样）及垂直方向（横向取样）各取 10cm×1cm 的小长条（每片烟叶其中一个半叶纵向取样，另一个半叶横向取样），用拉力试验机分别测定上述小长条的拉力，结果精确至 0.001N。

5.4.7 含梗率测定

依据 Q/YNZY(YY).J07.210—2022《烟叶样品　含梗率的测定》方法进行检测。将上述烟叶样品抽梗，用 1/100 天平分别称取烟片和烟梗的质量，计算烟叶样品的叶中含梗率，结果精确至 0.01。

注：烟叶抽梗时，将每片烟叶分成两个半叶，供后续检测使用。

5.4.8 叶片厚度测定

依据 Q/YNZY(YY).J07.208—2022《烟叶样品　叶片厚度的测定》进方法行检测。每片烟叶样品任取 5.4.7 中的一个半叶，用厚度测定仪分别测定叶尖、叶中及叶基的厚度（半叶的中线位置），以 30 个点的厚度平均值作为该烟叶样品的厚度，精确至 0.001 mm。

5.4.9 定量、叶面密度与松厚度测定

依据 Q/YNZY(YY).J07.209—2022《烟叶样品　定量、叶面密度与松厚度的测定》方法进行检测。每片烟叶任取 5.4.7 中的一个半叶，沿着半叶的叶尖、叶中及叶基部等距离取 3 个点，用圆形打孔器打 3 片直径为 15 mm 的圆形小片。用万分之一分析天平分别称取 30 片圆形小片的质量，结果精确至 0.0001 g，根据烟叶样品的厚度分别计算烟叶的定量、叶面密度和松厚度。

5.4.10 烟丝填充值测定

将上述测试剩余烟叶切成 0.8 mm ± 0.05 mm 的烟丝，依据 Q/YNZY(YY).J07.212—2022《烟叶样品 烟丝填充值的测定》方法进行检测。称取 15.0 g 的试样，精确至 0.1 g，重复测量 3 次，平均值为烟丝的填充值，计算结果精确至 0.01 cm³/g。

5.4.11 平衡含水率测定

称取 5.4.10 中 1.5 g 的烟丝样品，依据 Q/YNZY(YY).J07.203—2022《烟叶样品 平衡含水率的测定 快速水分检测法》进行检测。每个样品平行测定 2 次，快速水分检测方法应定期与烘箱法 Q/YNZY(YY).J07.202—2022 的检测结果进行比对和校正。

5.4.12 卷烟自由燃烧速度的测定

将 5.4.10 中的烟丝卷制成卷烟长度 78mm，烟丝克重 1.1 g ± 0.05 g 的烟支。依据 Q/YNZY(YY).J07.213—2022《烟叶样品 卷烟自由燃烧速度的测定》方法进行 30 mm 长度的卷烟自由燃烧速度的检测。以 3 次有效测定的平均值作为烟叶样品的自由燃烧速率，精确至 0.01 mm/min。

5.4.13 热水可溶物的测定

称取 5.4.10 中 2.0 g 的烟丝样品，依据 Q/YNZY(YY).J07.214—2022《烟叶样品 热水可溶物的测定》进行检测。每次用 100 mL 的冲水量冲淋，共冲淋 5 杯（500mL/杯），之后将剩余烟丝烘干至恒重（100.0℃ ±1.0℃，2 h），根据 5.4.11 中烟丝的平衡含水率计算出热水可溶物的含量。

5.5 感官质量评价

利用 5.4.12 中卷制的烟支进行感官质量的评价，依据 Q/YNZY(YY).J07.401—2022《烟叶样品 内在感官质量评价方法》，按照定量评价和定性描述的方式对烟叶样品进行内在感官质量的评价。

5.6 常规化学成分测定

5.6.1 流动分析仪检测法

用上述物理特性指标检测剩余的烟叶样品，按照下列检测方法进行检测：

1）YC/T 159—2019：烟草及烟草制品 水溶性糖的测定 连续流动法；

2）YC/T 161—2002：烟草及烟草制品 总氮的测定 连续流动法；

3）YC/T 468—2021：烟草及烟草制品 总植物碱的测定 连续流动（硫氰酸钾）法；

4）YC/T 217—2007：烟草及烟草制品 钾的测定 连续流动法；

5）YC/T 162—2011：烟草及烟草制品 氯的测定 连续流动法。

5.6.2　近红外光谱检测法

将5.6.1中剩余的粉末样品（40目）进行检测，用近红外扫描烟叶样品（烟末）的光谱，按GB/T 29858—2013《分子光谱多元校正定量分析通则》建立常规化学成分的近红外校正模型，并计算得出烟叶样品常规化学成分含量。

6　结果表示

6.1　外观质量

根据定性描述与定量评价结果，表征该烟叶样品的外观质量。

6.2　图像采集

根据烟叶样品图像采集的高清平面图像和三维立体图像进行烟叶样品的直观展示。

6.3　物理指标

根据上述物理指标检测结果，表征该烟叶样品的主要物理特性。

6.4　化学成分

根据上述常规化学成分检测结果，表征该烟叶样品的常规化学成分。

6.5　内在感官质量

根据感官评吸的定性描述与定量评价结果，表征该烟叶样品的内在感官质量。

7　检测报告

检测报告应包括但不限于以下内容：
——本方法的编号；
——样品产地、品种、等级及说明；
——测定时间；
——测试时样品的水分及环境温湿度等条件；
——烟叶外观质量、理化成分及内在感官质量检测与评价结果。

附录1 烟叶样品检测与评价流程图

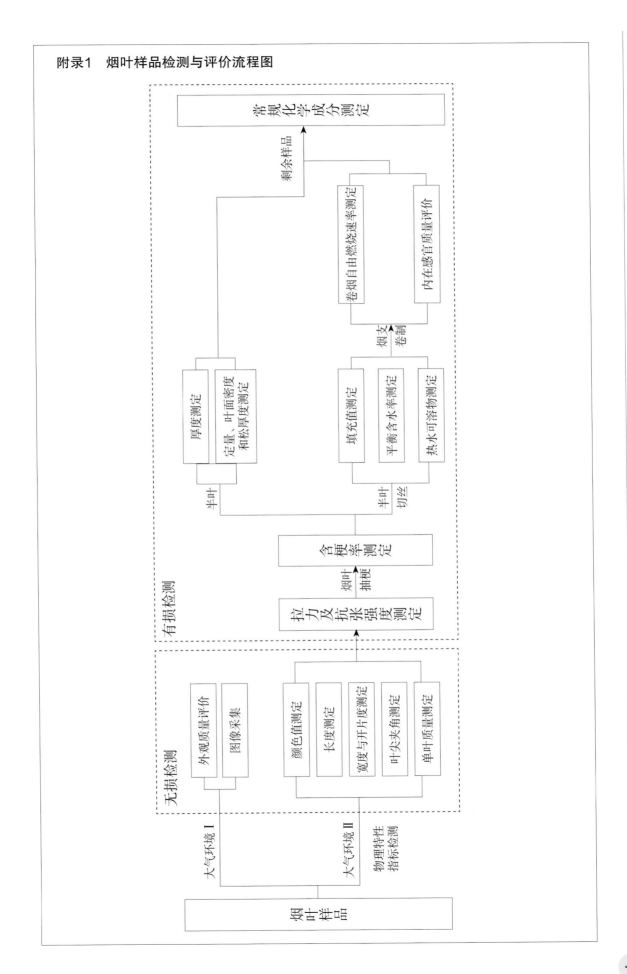

附录2　烟叶样品检测与评价标准大纲明细

类别		序号	标准名称	标准编号	备注
大气环境		1	烟叶样品　调节和测试的大气环境	Q/YNZY(YY).J07.002—2022	
外观	质量评价	2	烟叶样品　外观质量评价方法	Q/YNZY(YY).J07.101—2022	
	图像采集	3	烟叶样品　高清平面图像采集方法	Q/YNZY(YY).J07.102—2022	
		3	烟叶样品　三维立体图像采集方法	Q/YNZY(YY).J07.103—2022	
物理指标		4	烟叶样品　颜色值的测定　色差仪检测法	Q/YNZY(YY).J07.201—2022	
		5	烟叶样品　平衡含水率的测定　烘箱法	Q/YNZY(YY).J07.202—2022	
		6	烟叶样品　平衡含水率的测定　快速水分检测法	Q/YNZY(YY).J07.203—2022	
		7	烟叶样品　长度的测定	Q/YNZY(YY).J07.204—2022	
		8	烟叶样品　宽度与开片度的测定	Q/YNZY(YY).J07.205—2022	
		9	烟叶样品　叶尖夹角的测定	Q/YNZY(YY).J07.206—2022	
		10	烟叶样品　单叶质量的测定	Q/YNZY(YY).J07.207—2022	
		11	烟叶样品　叶片厚度的测定	Q/YNZY(YY).J07.208—2022	
		12	烟叶样品　定量、叶面密度与松厚度的测定	Q/YNZY(YY).J07.209—2022	
		13	烟叶样品　含梗率的测定	Q/YNZY(YY).J07.210—2022	
		14	烟叶样品　拉力及抗张强度的测定　恒速拉伸法	Q/YNZY(YY).J07.211—2022	
		15	烟叶样品　烟丝填充值的测定	Q/YNZY(YY).J07.212—2022	
		16	烟叶样品　卷烟自由燃烧速度的测定	Q/YNZY(YY).J07.213—2022	
		17	烟叶样品　热水可溶物的测定	Q/YNZY(YY).J07.214—2022	
化学指标		18	烟草及烟草制品　水溶性糖的测定　连续流动法	YC/T 159—2019	烟草行业标准
		19	烟草及烟草制品　总植物碱的测定　连续流动（硫氰酸钾）法	YC/T 468—2021	烟草行业标准
		20	烟草及烟草制品　总氮的测定　连续流动法	YC/T 161—2002	烟草行业标准
		21	烟草及烟草制品　钾的测定　连续流动法	YC/T 217—2007	烟草行业标准
		22	烟草及烟草制品　氯的测定　连续流动法	YC/T 162—2011	烟草行业标准
内在感官质量		23	烟叶样品　内在感官质量评价方法	Q/YNZY(YY).J07.401—2022	
检测与评价规程		24	烟叶样品　检测与评价规程	Q/YNZY(YY).J07.801—2021	

参考文献

[1] 韩富根.烟草化学[M].第2版.北京：中国农业出版社，2015.

[2] 史宏志，刘国顺，杨惠娟，等.烟草香味学[M].北京：中国农业出版社，2011.

[3] 史宏志，张建勋.烟草生物碱[M].北京：中国农业出版社，2004.

[4] 于建军.卷烟工艺学[M].第2版.北京：中国农业出版社，2009.

[5] 云南省烟草科学研究所，中国烟草育种研究（南方）中心.云南烟草栽培学[M].北京：科学出版社，2007.

[6] 张维理，王彦亭，谢剑平.中国烟草种植区划[Z].中国烟草总公司郑州烟草研究院.2009.

[7] 常爱霞，杜咏梅，付秋娟， 等.烤烟主要化学成分与感官质量的相关性分析[J].中国烟草科学，2009，30(6):9- 12.

[8] 陈岗，董继翠.氯元素对烟叶产质量的影响研究[J].云南农业科技，2014，(2):4-6.

[9] 陈胜利，张玉林，张占军， 等.烤烟主产区烟叶糖碱比的变异分析[J].烟草科技，2012，(10):73-76.

[10] 程传玲，唐琦，汪文良， 等.烤烟常规化学成分与感官质量的典型相关分析[J].贵州农业科学，2011，39(1):59- 61.

[11] 杜娟，张楠，许自成， 等.烤烟不同部位烟叶主要化学成分与感官质量的关系[J].郑州轻工业学院学报(自然科学版)，2011，26(2):16-20.

[12] 杜文，谭新良，易建华，等.用烟叶化学成分进行烟叶质量评价[J].中国烟草学报，2007，13(3):25-31.

[13] 郭东锋， 胡海洲， 刘新民， 等.烤烟化学成分平衡与感官质量关系分析[J].安徽农业大学学报，2014，41(2):333-337.

[14] 胡建军，李广才，李耀光， 等.基于广义可加模型的烤烟常规化学成分与感官评价指标非线性关系解析[J].烟草科技，2014，(12):36-42.

[15] 黎根，毕庆文，汪健， 等.烤烟主要化学成分与烟叶品质关系研究进展[J].河北农业科学，2007，11(6):6-9，41.

[16] 李广才，余玉梅，胡建军， 等.湖南烤烟主要化学成分与评吸质量的非线性关系解析[J].中国烟草学报，2012，18(4):17-26.

[17] 刘仕民，程传玲，宋辉，等.烟草中水溶性总糖与还原糖的分析研究进展[J].广东化工，2013，40(21):87-88.

[18] 罗玲，杨杰，许自成， 等.四川烤烟烟碱和总氮含量分布特点及对评吸质量的影响[J].郑州轻工业学院学报（自然科学版），2012，27(1):33-36.

[19] 潘义宏，李佳佳，蒋美红，等.烟叶外观质量、常规化学成分与其感官质量的典型相关分析[J].江苏农业科学，2015，(10):384-388.

[20] 任夏，邱军，段苏珍，等.色差仪在烤烟烟叶颜色检测中的应用[J].江苏农业科学，2014(7): 335-337.2014.07.117.

[21] 邵惠芳，许自成，刘丽，等.烤烟总氮和蛋白质含量与主要挥发性香气物质的关系[J].西北农林科技大学学报（自然科学版），2008，36(12): 69-76.

[22] 沈晗，江佳楠，汤朝起，等.烟叶主要含氮化合物含量与感官质量的关系[J].云南农业大学学报（自然科学），2017，32(3): 558-563.

[23] 孙力，李银科，章新，等.钾素水平对烟叶化学成分和感官评吸质量的影响[J].安徽农业科学，2010，38(24):13210-13214.

[24] 谭仲夏，秦西云.烟叶主要化学指标与其感官质量的灰色关联分析[J].广西民族大学学报（自然科学版），2008，14(4):67-72.

[25] 吴玉萍，高云才，刘玲，等.玉溪市烤烟K326烟碱、总糖含量和烟叶品质的分析[J].西南农业学报，2015，28(6):2763-2768.

[26] 张灵帅，邢军，谷运红，等.近红外光谱技术在烟草行业中的应用进展[J].激光生物学报，2009，

18(1):138-142.

[27] 祝元元，陈永宽，刘志华，等. 近红外光谱技术在烟草行业的应用进展[J]. 应用化工，2010，39(11):1750-1753.

[28] GB 2635—1992. 烤烟[S]. 北京：中国标准出版社，1992.

[29] GB/T 451.3—2002. 纸和纸板厚度的测定[S].

[30] GB/T 5606.1—2004. 卷烟 第1部分：抽样[S]. 北京：中国标准出版社，2004.

[31] GB/T 5606.4—2005. 卷烟 第4部分：感官技术要求[S]. 北京：中国标准出版社，2005

[32] GB/T 6682—2008. 分析实验室用水规格和试验方法[S]. 北京：中国标准出版社，2008.

[33] GB/T 10220—2012. 感官分析 方法学 总论[S].北京：中国标准出版社，2012.

[34] GB/T 10221—2012. 感官分析 术语[S]. 北京：中国标准出版社，2012.

[35] GB/T 16447—2004. 烟草及烟草制品 调节和测试的大气环境[S]. 北京：中国标准出版社，2004.

[36] GB/T 18771.1—2015. 烟草术语 第1部分：烟草类型与烟叶生产[S]. 北京：中国标准出版社，2015.

[37] GB/T 21136—2007. 打叶烟叶 叶中含梗率的测定[S]. 北京：中国标准出版社，2007.

[38] GB/T 22838.11—2009. 卷烟和滤棒物理性能的测定 第11部分：卷烟熄火[S]. 北京：中国标准出版社，2009.

[39] GB/T 22898—2008. 纸和纸板 抗张强度的测定 恒速拉伸法（100mm/min）[S]. 北京：中国标准出版社，2008.

[40] YC/T 31—1996. 烟草及烟草制品 试样的制备和水分测定 烘箱法[S].

[41] YC/T 138—1998. 烟草及烟草制品 感官评价方法[S].

[42] YC/T 152—2001. 卷烟 烟丝填充值的测定[S].

[43] YC/T 159—2019. 烟草及烟草制品 水溶性糖的测定连续流动法[S].

[44] YC/T 161—2002. 烟草及烟草制品 总氮的测定连续流动法[S].

[45] YC/T 162—2011. 烟草及烟草制品 氯的测定 连续流动法[S].

[46] YC/T 197—2005. 卷烟纸阴燃速率的测定[S].

[47] YC/T 217—2007. 烟草及烟草制品 钾的测定 连续流动法[S].

[48] YC/T 291—2009. 烟叶分级实验室环境条件[S].

[49] YC/T 468—2021. 烟草及烟草制品 总植物碱的测定 连续流动法（硫氰酸钾）[S].

[50] YC/T 571—2018. 再造烟叶 热水可溶物含量的测定 索氏提取法[S].

[51] DB53/T 644—2014. 烟叶 抗张强度的测定 恒速拉伸法[S].

[52] NF V37-009-2004. 烟草和烟草制品.香烟.自由燃烧速度的测定[S].

[53] Q/YNZY(YY).J07.002—2022. 烟叶样品 调节和测试的大气环境[S].

[54] Q/YNZY(YY).J07.030- 2015. 烤烟原料风格与感官质量评价方法[S].

[55] Q/YNZY(YY).J07.101— 2022. 烟叶样品 外观质量评价方法[S].

[56] Q/YNZY(YY).J07.201—2022. 烟叶样品 颜色值的测定 色差仪检测法[S].

[57] Q/YNZY(YY).J07.202—2022. 烟叶样品 平衡含水率的测定 烘箱法[S].

[58] Q/YNZY(YY).J07.203—2022. 烟叶样品 平衡含水率的测定 快速水分检测法[S].

[59] Q/YNZY(YY).J07.204—2022. 烟叶样品 长度的测定[S].

[60] Q/YNZY(YY).J07.205—2022. 烟叶样品 宽度与开片度的测定[S].

[61] Q/YNZY(YY).J07.206— 2022. 烟叶样品 叶尖夹角的测定[S].

[62] Q/YNZY(YY).J07.207— 2022. 烟叶样品 单叶质量的测定[S].

[63] Q/YNZY(YY).J07.208— 2022. 烟叶样品 叶片厚度的测定[S].

[64] Q/ YNZY(YY).J07.209—2022. 烟叶样品 定量、叶面密度与松厚度的测定[S].

[65] Q/YNZY(YY).J07.210—2022. 烟叶样品 含梗率的测定[S].

[66] Q/ YNZY(YY).J07.211—2022. 烟叶样品 拉力及抗张强度的测定 恒速拉伸法[S].

[67] Q/YNZY(YY).J07.212— 2022. 烟叶样品 烟丝填充值的测定[S].

[68]　Q/YNZY(YY).J07.213—2022.烟叶样品　卷烟自由燃烧速度的测定[S].

[69]　Q/YNZY(YY).J07.214—2022.烟叶样品　热水可溶物的测定[S].

[70]　Q/YNZY(YY).J07.401—2022.烟叶样品　内在感官质量评价方法[S].